《全国海洋功能区划（2011—2020年）》专题研究

全国海洋功能区划实施评价

夏登文　徐　伟　刘淑芬　主编

海洋出版社

2013年·北京

图书在版编目（CIP）数据

全国海洋功能区划实施评价/夏登文，徐伟，刘淑芬主编.
—北京：海洋出版社，2013.8
ISBN 978-7-5027-8615-1

Ⅰ.①全… Ⅱ.①夏… ②徐… ③刘… Ⅲ.①海洋资源-资源开发-经济区划-评价-中国 Ⅳ.①P74-34

中国版本图书馆 CIP 数据核字（2013）第 151754 号

责任编辑：张 荣
责任印制：赵麟苏
海洋出版社 出版发行
http://www.oceanpress.com.cn
北京市海淀区大慧寺路 8 号 邮编：100081
北京旺都印务有限公司印刷 新华书店北京发行所经销
2013 年 8 月第 1 版 2013 年 8 月第 1 次印刷
开本：787mm×1092mm 1/16 印张：9.25
字数：200 千字 定价：48.00 元
发行部：62132549 邮购部：68038093 总编室：62114335

《全国海洋功能区划实施评价》承担单位暨编写人员

承担单位： 国家海洋技术中心

编写人员： 夏登文　徐　伟　刘淑芬　张静怡
李　锋　岳　奇　梁湘波　曹　东
侯智洋　石慧慧

前　言

海洋功能区划制度是《中华人民共和国海域使用管理法》确立的海域管理三大基本制度之一，是海域使用管理和海洋环境保护的科学依据。2002年以来，各级海洋功能区划的批准和实施，对于保证国家和地方经济社会发展的用海需求，统筹协调各涉海行业之间的用海矛盾，保护和改善海洋生态环境，促进海域的合理开发和可持续利用等发挥了重要作用。

上一轮海洋功能区划的实施期限截止到2010年，2009年国家海洋局启动了新一轮海洋功能区划的编制工作，为了总结经验，发现问题，提高新一轮海洋功能区划编制工作科学性，设立了“全国海洋功能区划实施评价”研究专题，本书是在专题研究报告的基础上完成的。本研究在我国属首次进行，没有现成的评价理论和评价模型，课题组从海洋功能区划设定的目标出发，对海洋功能区划目标实现程度、基本功能区设置和实施措施落实、海域开发利用情况进行了评价，总结分析了海洋功能区划实施效果和存在的问题，并对新一轮区划编制实施提出了建议。

本课题在研究过程中，国家海洋局海域管理司曾多次召开专家研讨会，许多专家都曾对本专题的研究提出宝贵的意见与建议，他们是：国家海洋局海域管理司阿东、韩爱青，国家海洋环境监测中心关道明、付元宾、王权明、李方，国家海洋信息中心胡恩和、李亚宁、张宇龙，大连海事大学栾维新，天津师范大学刘百桥等，在此表示深深地感谢！

限于作者水平，书中难免存在错漏和不足，敬请各位读者不吝指正。

“全国海洋功能区划实施评价”课题组

2013年5月

目　录

1 概　述

1.1 项目背景

海洋功能区划是海洋管理的基础性工作，是海域使用管理和海洋环境保护的科学依据。海洋功能区划是否科学合理，将直接影响国民经济发展的大局和全面协调可持续发展目标的实现。1998 年国家海洋行政主管部门开展了大比例尺海洋功能区划工作，2002 年 8 月《全国海洋功能区划（以下简称《区划》）》编制完成，并由国务院批复。之后，国务院又先后批准了 10 个省级海洋功能区划。各级海洋功能区划的批准和实施，对于保证国家和地方经济社会发展的用海需求，统筹协调各涉海行业之间的用海矛盾，保护和改善海洋生态环境，促进海域的合理开发和可持续利用等发挥了重要作用。

近年来，我国沿海地区经济社会取得快速发展，工业化、城镇化进程加快，对海岸和近海的开发利用提出了新的需求。特别是 2008 年以来，国务院相继批准和发布了广西北部湾、天津滨海新区、河北曹妃甸、广东“珠三角”、福建海峡西岸、江苏沿海地区、辽宁沿海经济带、山东“黄三角”、海南国际旅游岛等区域规划及重点产业振兴与调整规划。有关规划和具体措施提出在沿海地区建设一批国家和地方重大建设项目，产业用海需求迅猛增长。

为适应社会经济发展的新形势，同时考虑全国海洋功能区划于 2010 年到期，急需开展海洋功能区划修编工作。鉴于此，国家海洋局决定启动新一轮海洋功能区划编制工作，对上一轮海洋功能区划中存在的问题进行改进，对区划不适合经济发展和生态环境保护的部分进行修正，重新进行海洋功能区划目标的设定和功能分区。

为了总结海洋功能区划制度实施的经验和存在的问题，国家海洋局设置了全国海洋功能区划实施评价专题。其目的是通过专题研究，全面了解海洋功能区划的实施情况，客观评判海洋功能区划的实施成效，分析海洋功能区划执行中存在的问题，通过改进区划方案，扬长避短，提高新一轮海洋功能区划的科学性。

1.2 评价内容

《全国海洋功能区划》共分 5 个部分：我国海域开发利用与保护状况分析，海洋功能区划的指导思想、原则和目标，全国海洋功能分区，重点海域的主要功能以及实施海洋功能区划的主要措施见图 1.1。

本次评价是对海洋功能区划实施后的评价，重点是规划实施的结果和规划实施的过

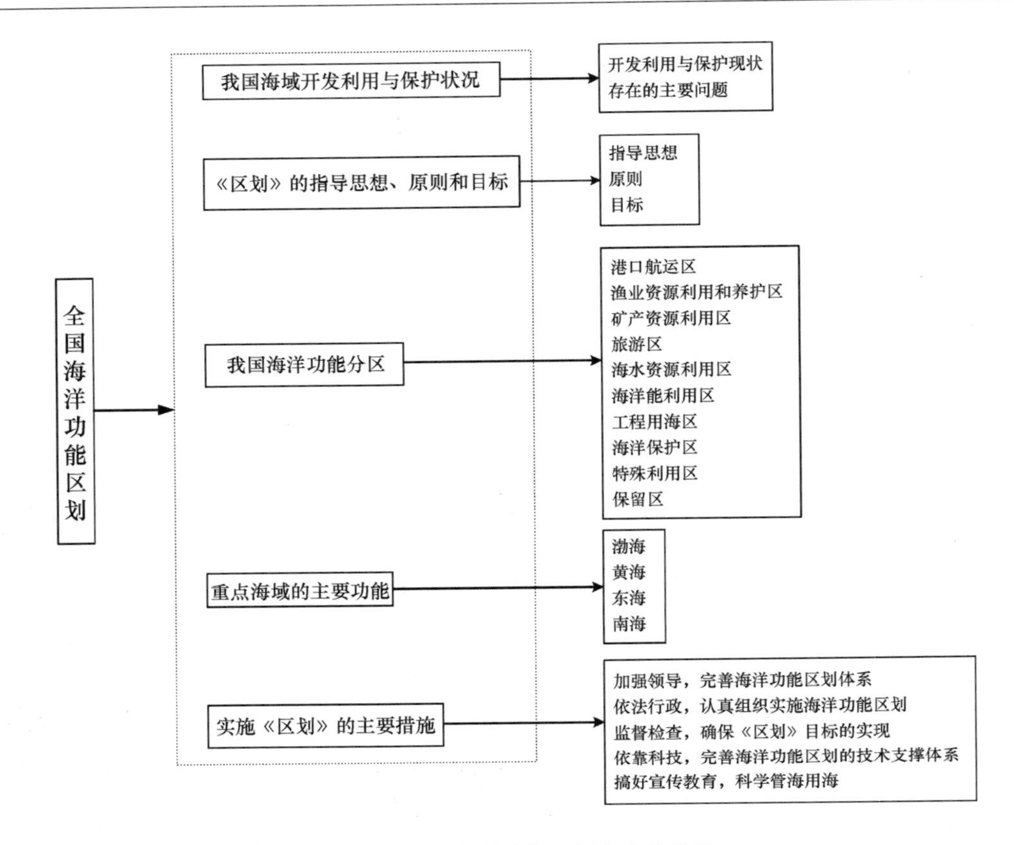

图 1.1　全国海洋功能区划文本结构图

程。主要评价内容如下。

（1）对海洋功能区划目标的直接评价

评价内容是海洋功能区划直接规定的或者有条件控制的指标。如果海洋功能区划执行结果实现或基本实现了预定的指标，那么说明至少该时期区划在控制和执行这些指标上是有成效的。

《全国海洋功能区划》提出的目标如下：

建立起符合海洋功能区划的海洋开发利用秩序，实现海域的合理开发和可持续利用，满足国民经济和社会发展对海洋的需求。

2001—2005 年，加强海洋功能区划的实施管理，逐步调整不符合海洋功能区划的用海项目，实现重点海域开发利用基本符合海洋功能区划，控制住近岸海域环境质量恶化的趋势。

2006—2010 年，严格实行海洋功能区划制度，实现海域开发利用符合海洋功能区划，生态环境质量得到改善，海洋经济稳步发展。

海洋功能区划从海域开发利用、生态环境质量、海洋经济三个方面阐述目标，虽然没有提出定量的区划目标，但提出的要求明确。本书通过对区划初期和区划末期海域使用情况、生态环境质量和海洋经济等指标进行对比，评判区划目标的实现程度。

（2）评价海洋功能区划提出的实施措施是否得到有效落实

《全国海洋功能区划》是国务院为贯彻执行海域管理和海洋环境保护等法律法规而制定的政策性、规范性和技术性文件，提出了保障区划实施的主要措施，措施是否得到有效落实是区划实施成败的关键。

海洋功能区划提出了保障实施的五项主要措施，主要包括：①加强领导，完善海洋功能区划体系，要求沿海省、市、县认真做好各级海洋功能区划修编和修订工作，涉海各部门要依法协调或衔接好海洋功能区划与相关区划、规划的关系；②依法行政，认真组织实施海洋功能区划，审批项目用海必须以海洋功能区划为依据；③加强监督检查，确保海洋功能区划目标的实现，要根据区划目标制定重点海域使用调整计划，明确不符合海洋功能区划的海域使用项目停工、拆除、迁址或关闭的时间表，并提出恢复项目所在海域环境的整治措施；④要依靠科技，完善海洋功能区划的技术支撑体系，加强海洋功能区划理论与实践研究，促进海洋功能区划工作的科学性、超前性与可操作性。建立结构完整，功能齐全、技术先进的海洋功能区划管理信息系统，建立海域使用与环境保护动态监视监测网络体系，全方位动态跟踪和监测海域使用状况与环境质量状况；⑤要搞好宣传教育，科学管海用海，多层次、多渠道、有针对性地做好海洋功能区划的宣传和培训工作。

针对以上情况，我们将对海洋功能区划的制度建设、编制体系和技术体系从以下四个方面对全国海洋功能区划的实施情况做出评价：①从政策层面分析海洋功能区划的制度建设情况；②分析《全国海洋功能区划》在省级区划中的落实情况，省、市、县三级海洋功能区划编制情况；③分析海洋功能区划实施的监督检查情况；④分析海洋功能区划技术体系是否完善。

（3）对海域开发利用现状进行分析评价

统计沿海11个省（市、自治区）海域使用现状，分析其用海结构、用海面积年度变化趋势、海域使用的特点和问题。评价海洋功能区划作为海域使用管理的依据，在规范海域开发秩序，协调行业用海矛盾等方面发挥作用。

（4）系统总结海洋功能区划实施成效和存在的问题

对海洋功能区划在保障重大建设用海，保障食物生产、维护渔区社会和谐稳定、改善生态环境，规范海域开发秩序等方面发挥的积极作用进行定性评价和系统总结；对区划编制、实施以及基础理论等方面的问题，尤其是不适应经济社会发展要求的地方进行分析，为新一轮区划编制积累经验。

（5）客观分析海洋功能区划面临的形势

新一轮海洋功能区划应结合当前我国社会经济发展的形势，落实科学发展观和转变经济增长方式等要求，进行创新和改进。

（6）提出海洋功能区划工作的建议

结合当前沿海经济发展的背景和对海洋功能区划工作的新要求，提出新一轮海洋功能区划编制建议。

1.3 评价过程

国家海洋局于2008年11月组织沿海各省开展了海洋功能区划实施情况调研，要求各省、市、区委托海洋功能区划编制技术单位承担调研任务，重点是了解各省市范围内重点海域主要功能和目标的落实情况、各重点海域的开发利用情况等，并分析海洋功能区划制度的实施成效和主要经验，海洋功能区划制度执行中存在的问题及原因等。截至2009年6月份，沿海11个省、市、自治区都按要求开展了调研工作，填报了调研表格，并提交了调研报告。

全国海洋功能区划实施情况评价课题组在山东、浙江、福建、广东、天津等地开展了实地调研，与相关管理部门和用海企业等进行了座谈。收集了功能区划实施以来的海域确权面积、重点海域海洋环境质量状况、执法检查等数据资料，收集了沿海地区发展战略规划报告、区域建设用海规划报告等，收发表格11套，表格99份，数据约20 000条。在沿海各省、市、自治区海洋功能区划调研的基础上，通过多次研讨，完成了该研究报告。本书正是在此基础上编写而成的。

2 海洋功能区划目标的实现程度

科学利用海洋资源，促进经济发展和保护海洋资源与环境是进行海洋功能区划工作的目的。海洋功能区划从经济、海域开发利用和生态环境三个方面设定了要实现的目标，根据区划目标的描述，报告从海洋经济、海域开发利用和海洋生态环境三个方面进行目标实现程度的评价。

海洋功能区划没有设定量化的区划目标，海洋功能区划作为海域使用管理和海洋环境保护的依据，在促进海洋经济可持续发展、规范海域开发秩序、改善生态环境等方面发挥了不可替代的作用。由于涉海行业众多，影响海洋经济、环境质量的因素复杂，我们无法把海洋功能区划发挥的作用分离出来。但海洋经济和海洋环境质量的统计数据所反映的现状和趋势能较好的反映海洋功能区划目标的实现情况。考虑到数据来源的权威性，我们主要采用正式发布的数据作为依据进行分析。

2.1 海洋经济

根据《中国海洋经济统计公报》中对海洋经济总体运行情况统计所采用的指标，结合功能区划的具体情况，我们选取了海洋经济生产总值、海洋经济产业结构和海洋产业吸纳劳动力能力三个指标进行评价。

2.1.1 海洋经济生产总值

海洋功能区划通过规范和引导涉海行业规划，有效地解决了海洋资源利用冲突，保障了国家大型项目用海，促进了海洋经济快速、健康发展。《全国海洋功能区划》实施以来，海洋经济增长水平持续高于同期国民经济的增长水平。据统计，2002 年全国海洋经济生产总值为 9 050.29 亿元，占国内生产总值的 9.4%；而到 2010 年全国海洋经济生产总值达到 38 439 亿元，占国内生产总值的 9.7%，比 2009 年增长 12.8%，约为 2002 年的 4.25 倍。海洋经济总产值实现了大幅度的提高（见图 2.1）。

2.1.2 海洋经济产业结构

海洋功能区划统筹安排行业用海，促进了海洋二、三产业的快速发展，优化了海洋产业结构，为海洋经济可持续发展奠定了基础。统计数据显示，2010 年，海洋产业增加值 22 370 亿元，海洋相关产业增加值 16 069 亿元。海洋第一产业增加值 2 067 亿元，第二产业增加值 18 114 亿元，第三产业增加值 18 258 亿元。海洋经济三次产业结构比例为

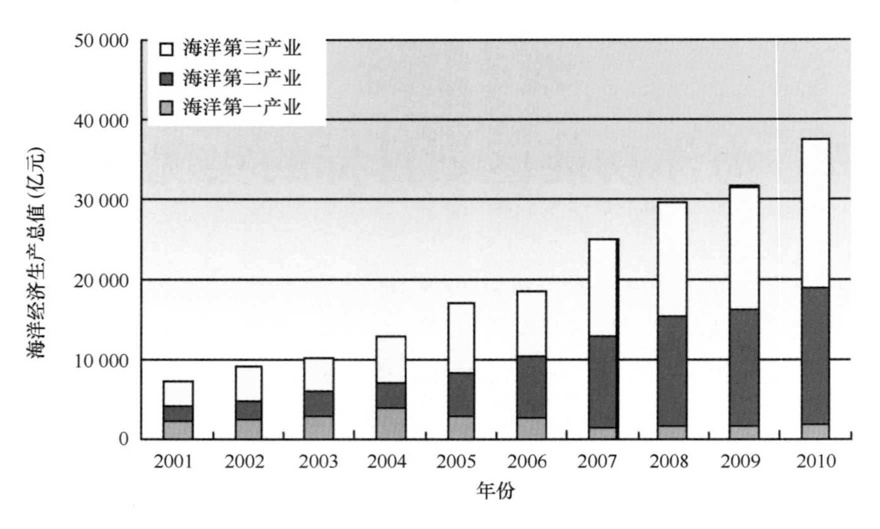

图 2.1 2001—2010 年全国海洋经济生产总值情况

5∶47∶48。而在 2002 年，海洋经济三次产业结构比例为 50∶17∶33。可以看出，以海洋渔业为主体的第一产业比重降低，工业制造业的比重进一步提高，以高科技、服务类行业为支撑的海洋新兴产业规模不断壮大。海洋经济产业结构得到了优化（图 2.2）。

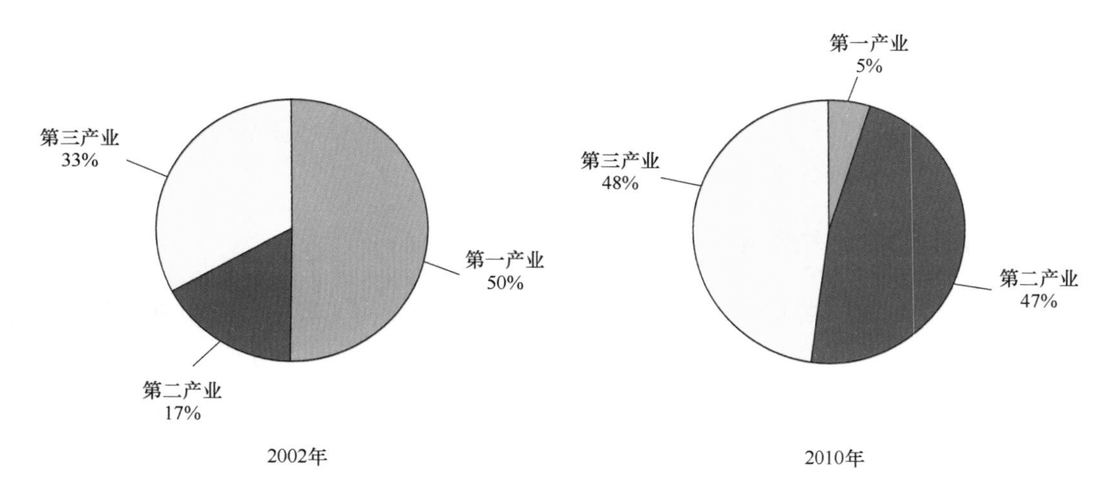

图 2.2 2002 年和 2010 年海洋经济产业结构比较

2.1.3 海洋产业吸纳劳动力能力

海洋功能区划实施以来，全国海洋经济生产总值每年平均以高于 8% 的速度增长，为社会提供的就业岗位逐年增多。目前，我国沿海地区有近 1/10 的就业人员从事涉海行业。在海洋经济发展的带动下，高新技术产业的发展推动了不少沿海城市成为全国经济发展的中心区域，增强了沿海城市的人才吸引力和集聚力。据统计资料显示，2005 年我国主要海洋行业中就业人员为 2 780 万人，2010 年全国海洋产业就业人员达到 3 350 万人，比 2005 年增加 570 万人，约为 2005 年的 1.2 倍。海洋产业吸纳劳动力的能力大幅度提高（图 2.3）。

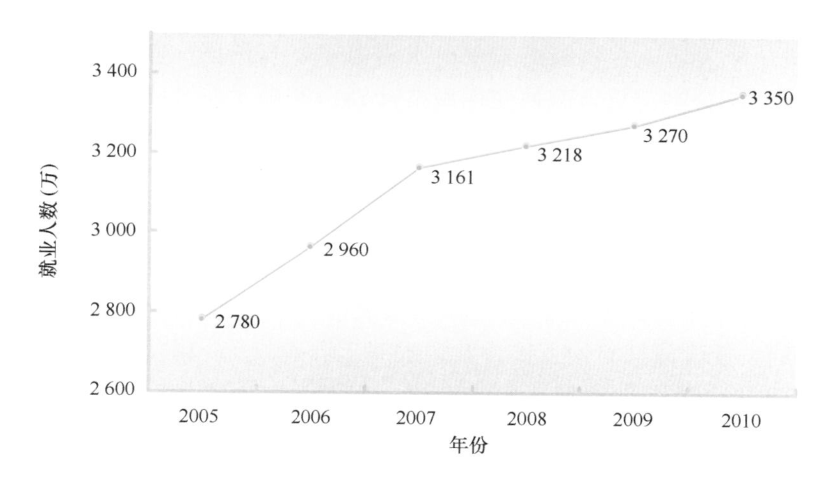

图 2.3　2005—2010 年全国涉海就业人员数变化趋势

通过以上三个方面的分析我们可以看到，海洋功能区划实施以来，我国的海洋经济生产总值大幅增加，海洋经济产业结构趋于合理化，海洋经济吸纳劳动力能力不断增强。综合看来，我国的海洋经济发展速度较快，势头良好，较好地实现了区划设定的目标。

2.2　海域开发利用与功能区划的符合性

根据《中华人民共和国海域使用管理法》、《中华人民共和国海洋环境保护法》以及其他法律法规和文件的规定，海域的开发利用要依据海洋功能区划，不按海洋功能区划批准使用海域的，批准文件无效，收回非法使用的海域。因此，我们对重点海域开发利用情况的评价主要从项目与海洋功能区划的符合性或不符合海洋功能区划项目的调整两个方面进行。

2.2.1　用海项目与海洋功能区划的符合性

近年来，沿海各级政府严格执行海洋功能区划。在海域使用审批过程中，把项目用海是否符合海洋功能区划作为首要条件进行严格审核，对不符合海洋功能区划的用海项目坚决不予批准；对违背海洋功能区划的用海项目，要求申请人依据海洋功能区划另行选址。各省、市、区在用海项目审批时均要求符合功能区划。山东省海洋与渔业厅根据海洋功能区划，要求初步选址不符合海洋功能区划的羊口新港、马兰湾大宇船业、荣成成东船厂、黄岛油库等项目另行选址；辽宁、浙江等大部分省市还建立了建设项目预审制度，首先对是否符合海洋功能区划进行审查，如符合才要求海域申请者按规定开展论证等前期工作。

各级海洋部门把项目用海是否符合海洋功能区划作为批准项目用海的首要条件，保证了新上项目用海符合海洋功能区划。

2.2.2　对不符合海洋功能区划的用海项目的调整

《全国海洋功能区划》在实施措施中要求沿海省、自治区、直辖市人民政府要依据《区划》确定的目标，制定重点海域使用调整计划，明确不符合海洋功能区划的海域使用项目停工、拆除、迁址或关闭的时间表，并提出恢复项目所在海域环境的整治措施。沿海部分省、市依据海洋功能区划，对重点海域不符合海域主要功能的用海活动进行了调整。如大连市政府在《大连市海洋功能区划》出台后，对该市南部海域功能实施了调整。2006 年、2007 年完成养殖物第一、二期清理整治，2008 年继续对市南部海域养殖物依法组织开展了第三期清理整治工作，完成清理养殖面积 9 778 亩①。通过历时 3 年、连续 3 期的大规模清理整治工作，共清理海上养殖物 13.14 万亩、支出补偿资金近 10 亿元，有效地化解了南部海域养殖与港口、旅游业的矛盾和冲突，保障了辽东半岛东部海域港口航运、旅游等重点功能的开发利用。厦门西海域 20 世纪 80 年代以后，由于海域使用无法可依，西海域水产养殖无序、快速发展，密密麻麻的养殖设施挤占航道、调头区，加速航道、港区淤积，破坏了港口资源，阻碍了海上交通运输，也严重影响滨海旅游景观。全国海洋功能区划批复后，从 2002 年开始，厦门市政府用了 3 年的时间，依据海洋功能区划，组织开展了西海域禁止水产养殖综合整治行动，共投入 1.99 亿元用于养殖设施拆除的补偿。目前，西海域已恢复海蓝水清、航道畅通的状态，港口航运、滨海旅游、临海工业得到了快速、协调发展。山东省威海、青岛、烟台、日照以及福建省厦门等地都制定并实施了海域使用调整计划，对历史原因造成的不符合海洋功能区划的开发活动进行综合整治和恢复。目前，由于历史原因，仍有一些不符合海洋功能区划的用海项目存在，主要是旅游区、保护区等功能区内存在养殖用海等情况。

2.3　海洋生态环境

影响海洋环境质量的因素复杂，根据《中国海洋环境质量公报》，我们选取了海水质量、生态系统健康状况、重点功能区情况 3 个指标作为评价指标，此外，海洋保护区建设情况可以反映对海洋环境保护的重视程度，我们也将其作为海洋生态环境状况的评价指标之一。

2.3.1　海水质量

据 2000 年到 2010 年的海水水质监测数据显示，各类污染水质面积均有波动，但没有明显扩大趋势，污染水质总面积、二类、三类水质面积 2010 年均比 2000 年有所减少，其

---

① 亩为非法定计量单位，1 公顷 = 15 亩。

中二类水质面积减少幅度较大，从2000年的102 000 km² 减少到2010年的70 430 km²；四类和劣四类水质面积有所增加（表2.1，图2.4）。

表2.1 2000—2010年海水各类水质面积分布

单位：km²

年度	二类水质	三类水质	四类水质	劣四类水质	合计
2000	102 000	54 000	21 000	29 000	206 000
2001	99 440	25 710	15 650	32 590	173 390
2002	111 020	19 870	17 780	25 720	174 390
2003	80 480	22 010	14 910	24 680	142 080
2004	65 630	40 500	30 810	32 060	169 000
2005	57 800	34 060	18 150	29 270	139 280
2006	51 020	52 140	17 440	28 370	148 970
2007	51 290	47 510	16 760	29 720	145 280
2008	65 480	28 840	17 420	25 260	137 000
2009	70 920	25 500	20 840	29 720	146 980
2010	70 430	36 190	23 070	48 030	177 720

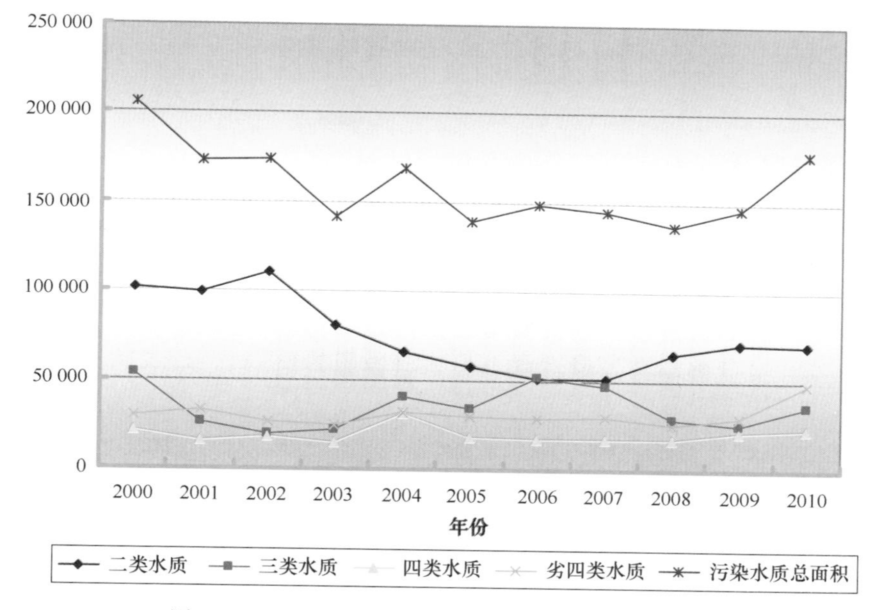

图2.4 2000—2010年各类水质面积分布趋势

2.3.2 生态系统健康

2004年国家海洋局在全国沿海重点区域建立了15个生态监控区，2005年增加为18个。历年来对生态监控区的海洋环境监测结果表明：我国近岸海域生态系统基本稳定，但生态系统健康状况恶化的趋势仍未得到有效缓解，近岸海域生境恶化、生态系统结构失衡、典型生态系统受损、生物多样性和珍稀濒危物种减少、赤潮等海洋生态灾害频发等问题依然严峻。大部分海湾、河口、滨海湿地等生态系统处于亚健康状态（图2.5）。

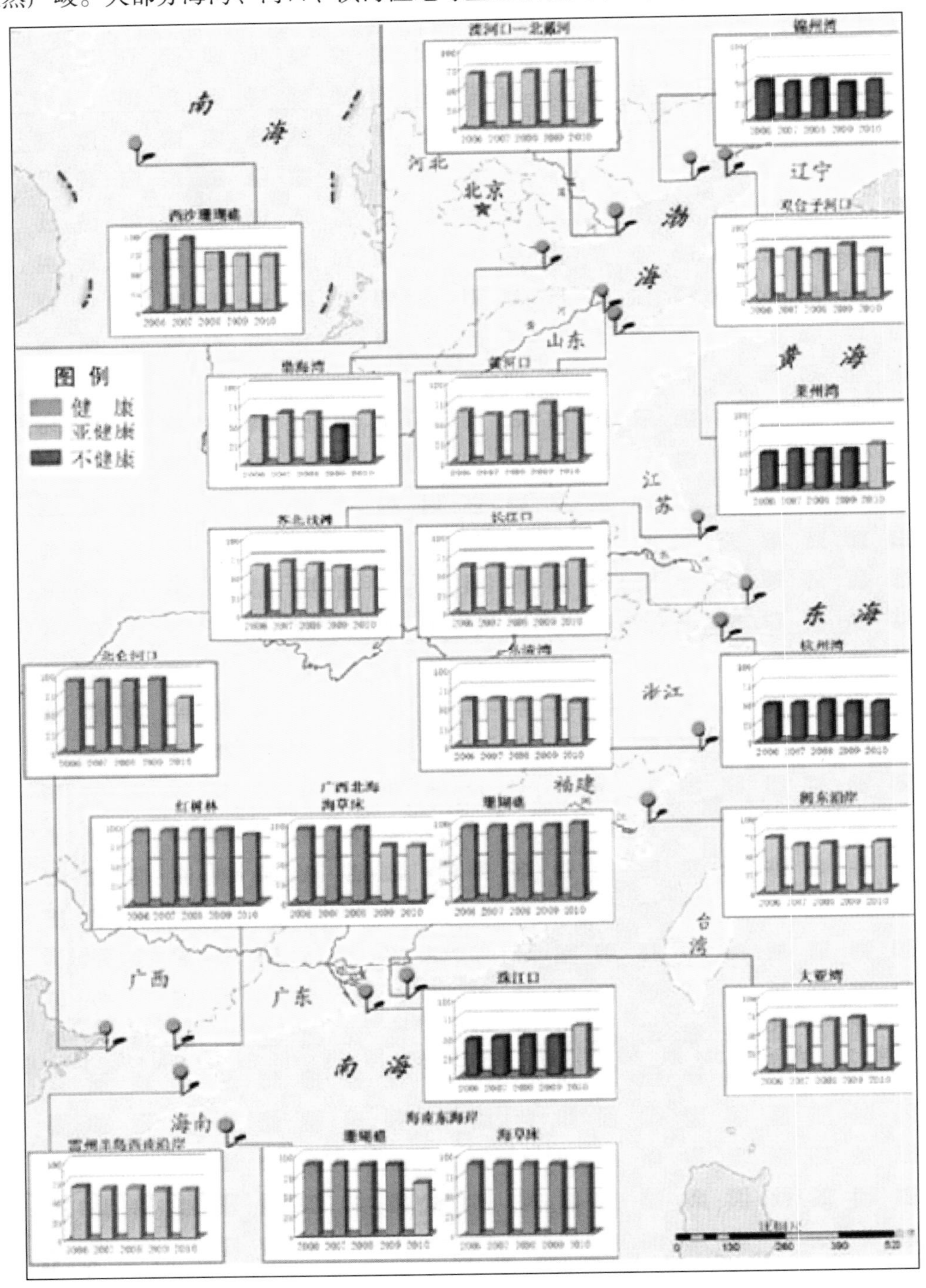

图2.5　2006—2010年我国近岸典型海洋生态系统健康状况

2.3.3　海洋保护区

建立海洋自然保护区是保护海洋生物多样性最有效的方式。《全国海洋功能区划》批复后，沿海各级政府重视海洋保护区建设，在加强对原有保护区管理的基础上，依据海洋功能区划，加快了新保护区的建设步伐，总体上看，海洋保护区建设取得了较大成果。

2001 年，我国各类海洋保护区总数为 71 个，其中，国家级保护区 21 个，地方级保护区 50 个，总面积超过 2.3×10^4 km^2；截至 2011 年，我国已经建立各级各类海洋自然保护区 221 个，包括海洋自然保护区 157 处，海洋特别保护区 64 处，总面积超过 3.3×10^4 km^2（含部分陆域，图 2.6），其中国家级海洋自然保护区 33 处（表 2.2），国家级海洋特别保护区 17 处，省级海洋自然保护区 26 处（见表 2.3）。此外，海洋公园被作为海洋特别保护区的一种类型纳入现行海洋特别保护区管理体系。

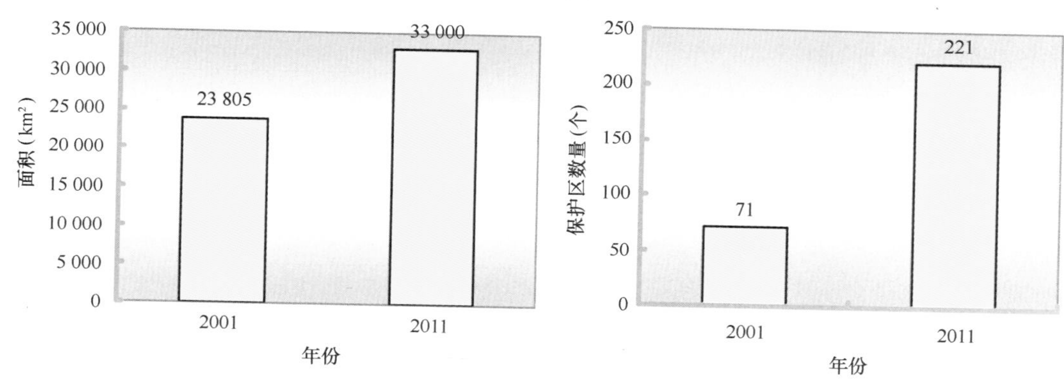

图 2.6　2001 年与 2010 年海洋保护区数量与面积对比

表 2.2　国家级海洋自然保护区

序号	名称	主要保护对象	位置
1	丹东鸭绿江口滨海湿地国家级自然保护区	滨海湿地生态系统	辽宁省丹东市
2	蛇岛—老铁山国家级自然保护区	蝮蛇、候鸟	辽宁省大连市
3	大连斑海豹国家级自然保护区	斑海豹	辽宁省大连市
4	城山头海滨地貌国家级自然保护区	滨海地质地貌	辽宁省大连市
5	双台河口国家级自然保护区	滨海湿地生态系统	辽宁省盘锦市
6	古海岸与湿地国家级自然保护区	古海岸、滨海湿地	天津滨海新区
7	昌黎黄金海岸国家级自然保护区	沙质海岸	河北省昌黎县
8	滨州贝壳堤岛与湿地国家级自然保护区	贝壳堤	山东省滨州市
9	荣成大天鹅国家自然保护区	大天鹅	山东省荣成市
10	长岛国家级自然保护区	海岛生态系统	山东省长岛县
11	黄河三角洲国家级自然保护区	河口滨海湿地	山东省东营市
12	盐城沿海滩涂珍禽国家级自然保护区	丹顶鹤等珍稀鸟类	江苏省盐城市
13	大丰麋鹿国家级自然保护区	麋鹿	江苏省大丰市
14	崇明东滩鸟类国家级自然保护区	河口湿地与鸟类	上海市崇明县

续表

序号	名称	主要保护对象	位置
15	九段沙湿地国家级自然保护区	河口湿地	上海市浦东新区
16	南麂列岛国家级自然保护区	贝类、藻类及海岛生境	浙江省平阳
17	象山韭山列岛海洋生态自然保护区	大黄鱼、曼氏无针乌贼、江豚、黑嘴端凤头燕鸥等繁殖鸟类以及与之相关的岛礁生态系统	浙江省宁波市
18	深沪湾海底古森林遗迹国家级自然保护区	海底古森林和牡蛎礁遗迹	福建省晋江市
19	厦门珍稀海洋物种国家级自然保护区	文昌鱼、中华白海豚、白鹭	福建省厦门市
20	漳江口红树林国家级自然保护区	红树林湿地生态系统	福建省云霄县
21	惠东港口海龟国家级自然保护区	海龟	广东省惠州市
22	内伶仃岛—福田国家级自然保护区	红树林湿地生态系统	广东省深圳市
23	珠江口中华白海豚国家级自然保护区	中华白海豚	广东省珠海市
24	湛江红树林国家级自然保护区	红树林湿地生态系统	广东省湛江市
25	徐闻珊瑚礁国家级自然保护区	珊瑚礁	广东省徐闻县
26	雷州珍稀海洋生物国家级自然保护区	儒艮、中华白海豚、白蝶贝	广东省湛江市
27	山口红树林生态国家级自然保护区	红树林湿地生态系统	广西壮族自治区合浦县
28	合浦营盘港—英罗港儒艮国家级自然保护区	儒艮	广西壮族自治区合浦县
29	北仑河口国家级自然保护区	红树林生态系统	广西壮族自治区防城港市
30	东寨港国家级自然保护区	红树林生态系统	海南省海口市
31	大洲岛海洋生态系统国家级自然保护区	金丝燕、珊瑚礁	海南省万宁市
32	三亚珊瑚礁国家级自然保护区	珊瑚礁	海南省三亚市
33	铜鼓岭国家级自然保护区	海岸生态系统	海南省文昌市

表 2.3 省级海洋自然保护区

序号	名称	主要保护对象	位置
1	黄骅古贝壳堤省级自然保护区	古贝壳堤及植被	河北省黄骅市
2	青岛市文昌鱼水生野生动物市级自然保护区	文昌鱼	山东省青岛市
3	荣成成山头省级自然保护区	海洋生态系统	山东省荣成市
4	莱州浅滩资源特别保护区	浅滩生物资源及砂矿资源	山东省莱州市
5	长乐海蚌资源增殖保护区	海蚌	福建省长乐市
6	泉州湾河口湿地省级自然保护区	湿地、红树林、珍稀鸟类、鱼类	福建省泉州市
7	宁德管井洋大黄鱼繁殖保护区	大黄鱼	福建省宁德市

续表

序号	名称	主要保护对象	位置
8	龙海九龙江口红树林自然保护区	红树林	福建省龙海市
9	闽江河口湿地自然保护区	河口湿地	福建省福州市
10	江门中华白海豚省级自然保护区	中华白海豚	广东省江门市
11	琼海麒麟菜省级自然保护区	麒麟菜、江蓠、拟石花菜等	海南省琼海市
12	儋州白蝶贝省级自然保护区	白蝶贝及生态系统	海南省儋州市
13	文昌麒麟菜省级自然保护区	麒麟菜、江蓠、拟石花菜、珊瑚等	海南省文昌市
14	海南省清澜港红树林自然保护区	红树林生态系统	海南省文昌市
15	临高白蝶贝省级自然保护区	白蝶贝及生境、珊瑚礁生态系统	海南省临高县
16	青岛大公岛岛屿生态系统自然保护区	海岛生态系统、鸟类	山东省青岛市
17	胶南灵山岛省级自然保护区	海岛生态系统	山东省青岛市
18	庙岛群岛斑海豹省级自然保护区	斑海豹及其生境	山东省长岛县
19	海阳千里岩岛海洋生态自然保护区	岛屿与海洋生态系统	山东省海阳市
20	烟台崆峒列岛自然保护区	水产原种产地、岛礁地貌	山东省烟台市
21	龙口依岛省级自然保护区	火山砾石地质潮间带及原始海洋生态群落	山东省烟台市
22	上海市金山三岛海洋生态自然保护区	海岛、中亚热带常绿阔叶林	上海市金三区
23	东山珊瑚礁自然保护区	珊瑚礁生态系统	福建省东山县
24	南澎列岛海洋生态省级自然保护区	海洋生态系统及海洋生物	广东省南澳县
25	阳江南鹏列岛海洋生态省级自然保护区	海岛生态系统	广东省阳江市
26	海南西南中沙群岛省级自然保护区	海龟、玳瑁、虎斑贝等	海南省

国家和沿海各级海洋行政主管部门还加大了海洋保护区的监管力度，推进海洋保护区建设与管理的各项工作，采取有效措施加大红树林、珊瑚礁、海湾、海岛、入海河口和滨海湿地等脆弱海洋生态系统的保护力度。2006 年，国家海洋局发布了《关于进一步加强自然保护区海域使用管理工作的意见》，明确了自然保护区内海域使用的申请审批程序。海洋功能区划制度的实施，增强了从国家到沿海地区的海洋自然资源的保护意识，规范了海洋自然保护区的管理工作，极大程度上限制了破坏海洋自然资源和生态环境的开发活动，对有效保护我国广袤的海洋自然资源和生态环境起到不可忽视的作用。

2.3.4 重点海洋功能区

近年来，国家海洋局不断提高重点海洋功能区的监测范围和频率，先后开展了海水增养殖区、滨海旅游度假区、海洋倾倒区、海上油气开发区等功能区的环境质量监测工作。与 2002 年相比，2010 年全国海水增养殖区的监测数量由 18 个增加到 66 个，海水浴场的监测数量从 12 个增加到 23 个，海洋油气平台由 26 个增加到 195 个，陆续开展了 16 个滨海旅游度假区环境监测与预报工作。2010 年，对海水增养殖区、海水浴场、滨海旅游度假区、海洋倾倒区和海洋油气区等的监测结果表明，海水增养殖区环境状况基本满足其功能要求。滨海旅游度假区、海水浴场环境状况良好，功能区内海洋垃圾数量总体处于较低水平。海洋倾倒区和海上油气开发区环境质量基本符合功能区环境要求。与 2002 年相比，功能区环境质量状况有所好转。

2.3.4.1 海水增养殖区

2003 年，全国 18 个重点监测的海水增养殖区中，56% 的养殖区海水水质状况良好，44% 的养殖区活性磷酸盐和无机氮的年平均浓度较高，超过海水增养殖环境要求的二类海水水质标准。60% 的海水增养殖区底质状况良好，27% 的海水增养殖区底质有机质和 20% 的海水增养殖区的底质粪大肠菌群含量较高，超一类海洋沉积物标准。2009 年，针对全国 66 个海水增养殖区监测结果表明：55% 的海水增养殖区水质状况良好，各项监测指标符合第二类海水水质标准。52% 的海水增养殖区沉积物质量符合第一类海洋沉积物质量标准，主要污染指标为粪大肠菌群、滴滴涕和铜等。12% 的增养殖区环境质量为“优良”，45% 为“良好”，32% 为“较好”，11% 为“及格”。2010 年水质、沉积物和养殖生物质量综合监测表明，增养殖区环境质量状况有所好转，在所监测的 33 个海水增养殖区中，综合环境质量为优良的占 54.5%，较好的占 30.3%，51% 水质状况良好，各项监测指标符合第二类海水水质标准，沉积物质量符合第一类海洋沉积物质量标准的比率为 55%。部分重点增养殖区沉积物超第一类海洋沉积物质量标准，主要污染物为镉、铜和粪大肠菌群等。还有部分重点增养殖区营养状态指数较高，养殖水体呈富营养化状态，养殖区及毗邻海域多次发生赤潮。在全国非重点 50 个增养殖区中，16% 的增养殖区环境质量为“优良”，42% 为“良好”，32% 为“较好”，10% 为“及格”。

多年监测情况表明：海水增养殖区环境质量状况良好（图 2.7，表 2－4），养殖生物生境质量基本得到保证。

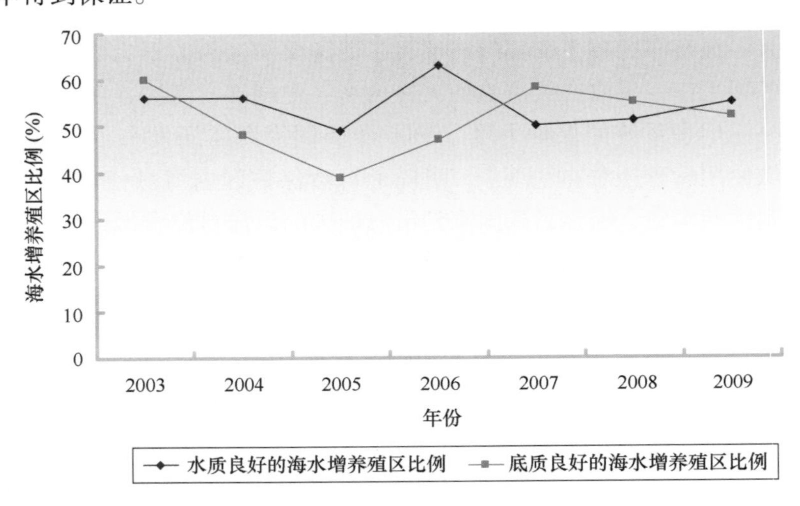

图 2.7 水质和底质质量良好的海水增养殖区比例

表 2.4 2010 年海水增养殖区综合环境质量等级

增养殖区名称	综合环境质量等级	增养殖区名称	综合环境质量等级
辽宁丹东海水增养殖区	优良	天津汉沽海水增养殖区	较好
辽宁东港海水增养殖区	优良	山东滨州无棣浅海贝类增养殖区	优良
大连獐子岛海水增养殖区	优良	山东沾化浅海贝类增养殖区	优良
辽宁黄海北部海水增养殖区	优良	山东东营新户浅海养殖样板园	优良
辽宁大连庄河滩涂贝类养殖区	优良	山东潍坊滨海滩涂贝类增养殖区	及格
大连金州海水增养殖区	优良	山东莱州虎头崖增养殖区	较好
辽宁大连大李家浮筏养殖区	优良	山东莱州金城增养殖区	较好
辽宁营口近海养殖区	优良	山东烟台海水增养殖区	较好
辽宁盘锦大洼蛤蜊岗增养殖区	较好	山东牟平养马岛扇贝养殖区	较好
辽宁辽东湾海水增养殖区	较好	山东威海湾养殖区	优良
辽宁锦州湾海水增养殖区	较好	山东乳山腰岛养殖区	较好
辽宁锦州市海水增养殖区	及格	山东日照两城海域增养殖区	优良
辽宁葫芦岛海水增养殖区	优良	江苏海州湾海水增养殖区	较好
辽宁葫芦岛止锚湾养殖区	较好	江苏如东紫菜增养殖区	优良
河北北戴河海水增养殖区	优良	江苏启东贝类增养殖区	较好
河北昌黎新开口浅海扇贝养殖区	较好	浙江嵊泗绿华海水增养殖区	优良
河北乐亭滦河口贝类养殖区	优良	浙江舟山嵊山海水增养殖区	优良
河北黄骅李家堡养殖区	及格	浙江岱山海水增养殖区	优良
浙江普陀中街山海水增养殖区	优良	广东深圳东山海水增养殖区	优良
浙江象山港海水增养殖区	及格	广东桂山港网箱养殖区	较好
浙江三门湾海水增养殖区	优良	广东茂名水东湾网箱养殖区	及格
浙江温岭大港湾海水增养殖区	较好	广东雷州湾经济鱼类养殖区	较好
浙江乐清湾海水增养殖区	优良	广东流沙湾经济鱼类养殖区	优良
浙江洞头海水增养殖区	优良	广西北海廉州湾对虾养殖区	优良
浙江大渔湾增养殖区	优良	广西钦州茅尾海大蚝养殖区	较好
福建三沙湾海水增养殖区	及格	广西防城港红沙大蚝养殖区	较好
福建罗源湾海水增养殖区	优良	广西防城港珍珠湾养殖区	优良
福建闽江口海水增养殖区	及格	广西涠洲岛海水增养殖区	优良
福建平潭沿海增养殖区	及格	海南海口东寨港海水增养殖区	较好
厦门沿岸海水增养殖区	及格	海南临高后水湾海水增养殖区	优良
福建东山湾海水增养殖区	优良	海南澄迈花场湾海水增养殖区	优良
广东柘林湾海水增养殖区	较好	海南陵水新村海水增养殖区	及格
深圳南澳海水增养殖区	优良	海南陵水黎安港增养殖区	优良

*综合环境质量等级：根据海水增养殖区的环境质量要求，综合各环境介质中的超标物质类型、超标频次和超标程度等，将海水增养殖区的综合环境质量等级分为 4 级。

优良：养殖环境质量优良，满足功能区环境质量要求；

较好：养殖环境质量较好，一般能满足功能区环境质量要求；

及格：养殖环境质量及格，个别时段不能满足功能区环境质量要求；

较差：养殖环境质量较差，不能满足功能区环境质量要求。

2.3.4.2 旅游区

自2001年《海洋环境质量公报》发布全国重点海水浴场年度监测结果以来，海水浴场的环境质量状况基本稳定，健康指数有所升高，但水质状况为优的天数明显减少，主要原因为天气不佳。

2002年，监测的12个重点海水浴场适宜和较适宜游泳天数的比例达97%，不适宜游泳天数的比例为3%。造成浴场不适宜游泳的主要原因是风浪过大（占61%）、水温偏低（占22%）或粪大肠菌群超标（占17%）。健康指数为“优”的海水浴场占监测浴场总数的83%。2009年监测的23个海水浴场结果表明，水质为“优”和“良”的天数分别占69%和29%；水质为“差”的天数占2%。23个重点海水浴场健康指数均达到了优良水平，其中96%的海水浴场健康指数为“优”（图2.8）。2010年对滨海旅游度假区的监测状况表明，16个重点监测的滨海旅游度假区的平均水质指数为3.9。水质为良好以上的天数占85%，水质为一般和较差的天数占15%。年度综合评价的结果表明，94%的滨海旅游度假区水质指数达到良好以上水平。影响水质的主要原因是部分滨海旅游度假区水体无机氮和活性磷酸盐含量超标、微生物含量较高，以及海面出现水草、垃圾等漂浮物质（见表2.6）。表2.5为2010年海水浴场综合环境状况。

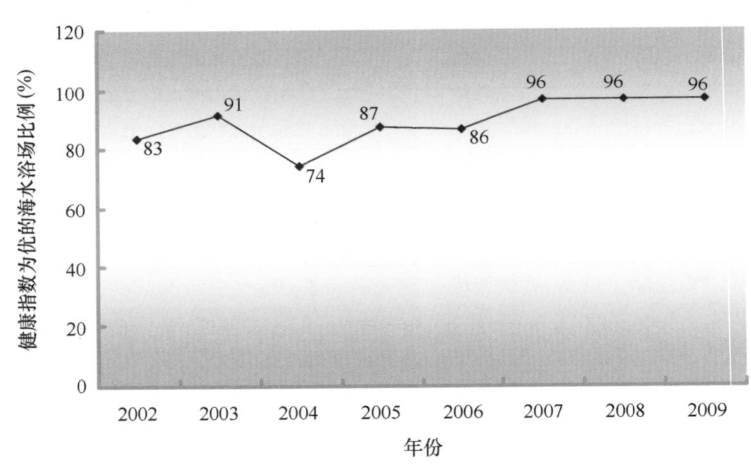

图2.8 健康指数为优的海水浴场比例

表2.5 2010年海水浴场综合环境状况

浴场名称	水质为优和良的天数比例（%）	适宜和较适宜游泳的天数比例（%）	不适宜游泳的主要因素
葫芦岛绥中海水浴场	100	75	天气不佳
大连金石滩海水浴场	75	47	溢油污染/水温偏低
北戴河老虎石海水浴场	100	76	天气不佳
烟台金沙滩海水浴场	100	83	天气不佳

续表

浴场名称	水质为优和良的天数比例（%）	适宜和较适宜游泳的天数比例（%）	不适宜游泳的主要因素
威海国际海水浴场	100	58	视程一般
青岛第一海水浴场	67	57	漂浮浒苔
山东日照海水浴场	100	84	天气不佳
连云港连岛海水浴场	92	78	天气不佳
舟山朱家尖海水浴场	100	89	天气不佳
温州南麂大沙岙海水浴场	100	82	天气不佳
福建平潭龙王头海水浴场	96	62	风浪偏大/赤潮
厦门黄厝海水浴场	88	72	漂浮垃圾
福建东山马銮湾海水浴场	100	83	天气不佳
广东南澳青澳湾海水浴场	99	81	天气不佳
广东汕尾红海湾海水浴场	100	78	风浪较大
深圳大小梅沙海水浴场	75	64	天气不佳/赤潮
广东江门飞沙滩海水浴场	91	72	天气不佳
广东阳江闸坡海水浴场	94	77	天气不佳
湛江东海岛海水浴场	98	81	天气不佳
北海银滩海水浴场	100	93	—
防城港金滩海水浴场	100	79	天气不佳
海口假日海滩海水浴场	100	81	天气不佳
三亚亚龙湾海水浴场	97	86	天气不佳

注：“—”表示无明显因素影响游泳适宜度。

表 2.6　2010 年滨海旅游度假区环境状况指数

度假区名称	环境状况指数		休闲（观光）活动指数								适宜开展休闲（观光）活动时段	影响开展休闲（观光）活动主要因素
	水质	海面状况	海底观光	海上观光	海滨观光	游泳适宜度	海上休闲	沙滩娱乐	海钓	平均指数		
营口月牙湾	4.9	3.5	—	4.4	4.5	1.6	—	4.1	—	3.7	6—9 月	水母
秦皇岛亚运村	4.2	3.2	—	2.8	2.9	2.6	2.8	3.4	4.4	3.2	6—9 月	天气不佳
山东蓬莱阁	5.0	3.5	—	4.5	4.6	3.1	3.1	4.3	4.8	4.1	6—9 月	天气不佳
烟台金沙滩	4.5	3.7	—	3.6	3.7	3.0	3.2	4.2	—	3.5	6—9 月	天气不佳
青岛石老人	4.4	2.9	—	3.0	3.1	2.0	2.1	3.5	4.2	3.0	7—9 月	水母/漂浮浒苔
连云港东西连岛	3.6	3.9	—	3.1	3.2	2.8	3.2	3.8	4.3	3.4	7—9 月	天气不佳
上海金山城市沙滩	4.3	3.7	—	4.1	4.4	2.9	3.3	3.7	—	3.7	6—10 月	天气不佳
上海奉贤碧海金沙	4.4	3.8	—	4.1	4.4	3.1	3.5	3.7	—	3.8	6—10 月	天气不佳
浙江嵊泗列岛	5.0	3.7	—	4.0	4.1	3.3	3.3	3.7	4.3	3.8	6—10 月	天气不佳
福建平潭龙王头	3.2	3.1	—	3.2	3.8	2.3	2.9	3.0	3.1	3.1	6—8 月	风浪较大/赤潮
厦门环岛东路海域	4.0	3.9	—	4.1	4.2	3.0	3.4	4.1	—	3.8	5—10 月	台风/漂浮垃圾
厦门鼓浪屿	3.9	3.9	—	4.0	4.2	3.0	3.4	4.1	—	3.7	5—10 月	台风/漂浮垃圾
广东湛江东海岛	4.7	4.3	4.4	4.1	4.4	4.0	4.3	4.3	4.1	4.2	5—10 月	天气不佳
深圳大小梅沙	3.8	4.3	—	3.6	3.6	2.7	3.8	4.0	—	3.5	4—7/9—10 月	赤潮
广西北海银滩	4.3	4.7	4.9	4.8	4.8	4.0	—	4.6	—	4.6	4—10 月	天气不佳
海南三亚亚龙湾	4.8	4.5	4.6	4.5	4.6	4.1	4.5	4.6	4.3	4.5	全年	天气不佳

注：“—”表示未开展该项休闲娱乐活动。

环境状况指数（包括水质指数和海面状况指数）和各类休闲（观光）指数的赋分分级说明（满分为 5.0）。

5.0～4.5：极佳，非常适宜开展休闲（观光）活动；

4.4～3.5：优良，很适宜开展休闲（观光）活动；

3.4～2.5：良好，适宜开展休闲（观光）活动；

2.4～1.5：一般，适宜开展休闲（观光）活动；

1.4～1.0：较差，不适宜开展休闲（观光）活动。

2.3.4.3 海洋自然保护区

按照海洋功能区划的要求，海洋自然保护区的水质、底质、生物质量等不应劣于一类。2004 年国家质量检验检疫总局、国家标准化管理委员会发布《海洋自然保护区管理技术规范》，对保护区内的调查监测等活动进行规范。多年来的海洋自然保护区监测结果表明，我国多数海洋保护区生态环境质量总体保持良好，生物多样性有所提高，基本达到了海洋功能区划的环境保护目标。

2005 年，海洋保护区监测结果表明：多数保护区生态环境质量总体良好，生物多样性有所提高。广西北仑河口红树林生态自然保护区海洋生物保持正常的生长状态，本地种生物数量基本维持不变，引入的红海榄生长状况良好。浙江南麂列岛海洋自然保护区水质除个别站位活性磷酸盐含量超一类海水水质标准外，其余指标均符合一类海水水质标准；潮间带生物得到有效保护，分布种类增加近 50 种，生物量显著升高。2010 年，对 27 处国家级海洋保护区开展的水质、沉积物质量、主要保护对象或保护目标监测结果显示，保护区的水质和沉积物质量基本满足功能区环境保护要求，主要保护对象或保护目标基本保持稳定。天津古海岸与湿地自然保护区的核心区芦苇覆盖度达 80%，长势良好；厦门珍稀海洋生物物种自然保护区的中华白海豚种群数量有回升迹象，曾观察到多达 30 ~ 40 头的中华白海豚在厦门西海域及五缘湾口附近嬉戏；山东滨州贝壳堤岛与湿地自然保护区的贝壳堤岛、浙江南麂列岛海洋自然保护区的贝藻类生物多样性、厦门珍稀海洋生物物种自然保护区的文昌鱼、浙江渔山列岛海洋生态特别保护区的岛礁地貌等主要保护对象的数量或状况基本保持稳定；广西山口红树林生态自然保护区、广西北仑河口海洋自然保护区及浙江乐清市西门岛海洋特别保护区红树林的面积与上年持平。广西山口红树林生态自然保护区局部红树林遭受虫害，保护区管理部门及时采取治理措施，红树林虫害得到有效遏制。

2.3.4.4　海洋倾倒区

全国区划实施以来，随着对海域开发利用的增加，海洋倾倒物排放量猛增，虽然海洋环境监测结果显示倾倒区的环境质量基本符合要求。

2002 年全国实际使用的海洋倾倒区为 60 个，倾倒的废弃物主要为疏浚物，疏浚物的年倾倒量约为 10 721 $\times 10^4$ m^3。2010 年度全国海洋倾倒量为 16 957 $\times 10^4$ m^3，倾倒物质主要为清洁疏浚物（图 2.9）。2010 年对全部实际使用的倾倒区开展的监测结果显示，倾倒区及周边海域水质和沉积物质量符合功能区环境保护要求；底栖生物种类、密度和生物量与上年相比无明显差异，底栖生物群落状况基本正常；倾倒活动未对其他海上活动造成影响，倾倒区水深无明显变化，可继续使用。

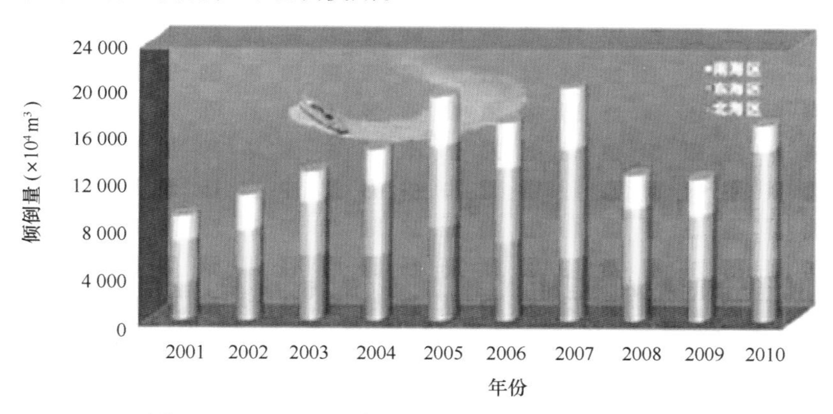

图 2.9　2001—2010 年全国各海区疏浚物海洋倾倒物

2.3.4.5 海上油气区

全国区划实施以来，海上油气田数量大幅度增加，其所产生的含油污水、钻井泥浆和钻屑排放量猛增，但海洋环境监测结果显示油气区的环境质量基本符合要求。与此同时，它所带来的海洋环境压力日益增大，油气区溢油风险增加。

2002 年，全国共有海上油气田 26 个，含油污水年排海量约为 6 769 × 10^4 t，钻井泥浆的年排海量约为 2.8 × 10^4 m^3，钻屑的年排海量约为 2.3 × 10^4 m^3。2010 年全国海上在生产油气平台增加至 195 个，其产生的生产水排海量为 12 168 × 10^4 m^3，钻井泥浆和钻屑排海量分别为 52 847 m^3 和 45 694 m^3（见图 2.10）。油气区开展的监测结果显示，油气区水质和沉积物质量符合海洋油气区的环境保护要求，底栖生物群落状况基本稳定。

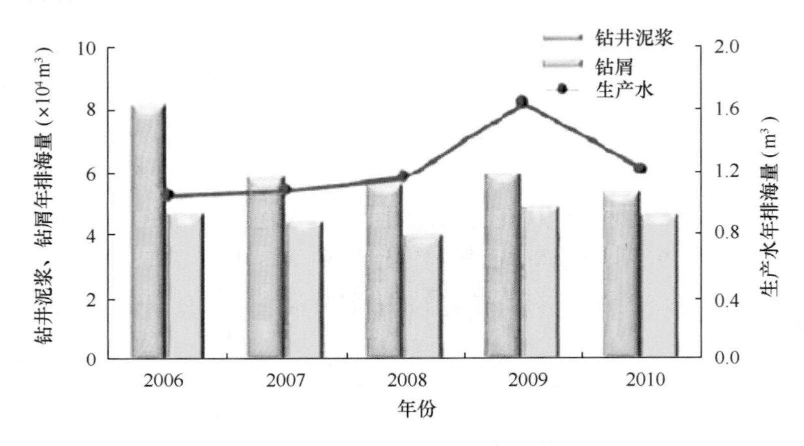

图 2.10 2006—2010 年海上油气平台生产水、钻井泥浆和钻屑排放量

综合以上分析，海洋功能区划实施以来，海洋经济发展势头良好，重点海域的开发利用基本符合海洋功能区划，海洋环境虽然总体污染程度依然较高，但海洋生态环境状况正在逐渐好转，总体看来，海洋功能区划设定的目标基本实现。

3　海洋功能区的设置和实施措施

3.1　《全国海洋功能区划》功能区的设置及落实

海洋功能区划是根据海域区位、自然资源、环境条件和开发利用的要求，按照海洋功能标准，将海域划分为不同类型的功能区，为海域使用管理和海洋环境保护工作提供科学依据，为国民经济和社会发展提供用海保障的行为。因此，科学的将海域划分为不同类型的功能区是海洋功能区划编制的一项核心工作，重点功能区设置情况则是区划文本的重点。在本部分，我们将从功能区设置和落实两个方面分析全国海洋功能区划的执行情况。

3.1.1　《全国海洋功能区划》重要功能区的设置

《全国海洋功能区划》（以下简称《区划》）以实施可持续发展战略、促进国民经济和社会发展为中心，以保护和合理利用海洋资源、提高海域使用效率、遏制海洋生态恶化、改善海洋环境质量为目标，客观分析了我国管辖海域开发与保护状况，明确提出了《区划》的指导思想、原则和目标，科学地划定了10种主要海洋功能区，划分了30个重点海域（表3.1），根据海洋资源自然禀赋、开发利用现状并结合社会发展需求，确立各海域的主要功能，设置了341个重点功能区。在六大主要功能中，渔业资源利用和养护及港口航运功能的比重分别达到27%和20%（见图3.1）。

表3.1　全国重点海域及其主导功能

序号	重点海域	海区	主导功能	重点功能区数量
1	辽东半岛西部海域	渤海	港口航运、海水资源利用、渔业资源利用和养护、旅游	13
2	辽河口邻近海域	渤海	矿产资源利用、海水资源利用、渔业资源利用和养护、海洋保护	8
3	辽西—冀东海域	渤海	港口航运、旅游、渔业资源利用和养护、矿产资源利用	18
4	天津—黄骅海域	渤海	港口航运、海水资源利用、矿产资源利用、渔业资源利用和养护、海洋保护	15
5	莱州湾及黄河口毗邻海域	渤海	渔业资源和养护、矿产资源利用、海水资源利用、海洋保护和港口航运	8
6	庙岛群岛海域	渤海	渔业资源利用和养护、旅游和海洋保护	6
7	渤海中部海域	渤海	矿产资源利用、渔业资源利用和养护	8
8	辽东半岛东部海域	黄海	港口航运、旅游、渔业资源利用和养护、海洋保护	10
9	长山群岛海域	黄海	渔业资源利用和养护、旅游和港口航运	6

续表

序号	重点海域	海区	主导功能	重点功能区数量
10	烟台—威海海域	黄海	港口航运、旅游、渔业资源利用和养护	10
11	胶州湾及其毗邻海域	黄海	港口航运、旅游、渔业资源利用和养护	6
12	苏北海域	黄海	港口航运、旅游、海水资源利用、渔业资源利用和养护、海洋保护	8
13	黄海重要资源开发利用区	黄海	渔业资源利用和养护、矿产资源利用	9
14	长江口—杭州湾海域	东海	港口航运、海洋工程、旅游、渔业资源和养护、海洋保护	23
15	舟山群岛海域	东海	渔业资源利用和养护、旅游、港口航运和海水资源利用	8
16	浙中南海域	东海	渔业资源利用和养护、港口航运、旅游和海洋保护	9
17	闽东海域	东海	渔业资源利用和养护、海洋保护、港口航运和旅游	11
18	闽中海域	东海	港口航运、旅游、海洋环境保护、渔业资源利用和养护	12
19	闽南海域	东海	港口航运、旅游、海洋保护、渔业资源利用和养护	13
20	东海重要资源开发利用区	东海	矿产资源利用和渔业资源利用和养护	13
21	粤东海域	南海	港口航运、旅游、渔业资源利用和养护、海洋保护	14
22	珠江口及毗邻海域	南海	港口航运、矿产资源利用、旅游、渔业资源利用和养护、海洋保护	29
23	粤西海域	南海	港口航运、旅游、渔业资源利用和养护、海洋保护	16
24	铁山港—廉州湾海域	南海	港口航运、旅游、渔业资源利用和养护、海洋保护	8
25	钦州湾—珍珠港海域	南海	港口航运、旅游资源利用及保护、旅游和海洋保护	11
26	海南岛东北部海域	南海	港口航运、旅游、渔业资源利用和养护、矿产资源利用和海洋保护	16
27	海南岛西南部毗邻海域	南海	旅游、矿产资源、港口航运、海洋保护渔业资源利用和保护、海水资源利用	18
28	西沙群岛海域	南海	渔业资源利用和养护、旅游和海洋保护	4
29	南沙群岛海域	南海	渔业资源利用和养护、矿产资源利用	4
30	南海重要资源开发利用区	南海	渔业资源利用和养护、矿产资源利用	7
总计	30			341

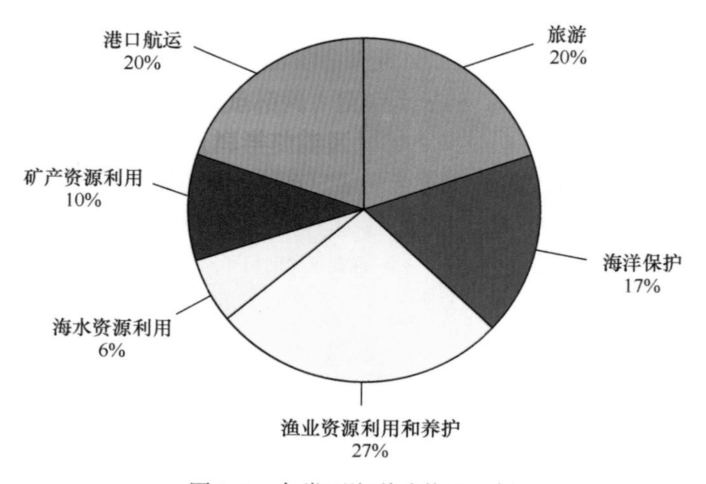

图 3.1　各类型海洋功能区比例

3.1.2　重点海洋功能区在省级区划中的落实

沿海各地在编制省级海洋功能区划时，依据重点海域的主要功能，基本上落实了各重点海域设置的功能区，并进行了相应的细化。根据目前掌握的全国海洋功能区划实施情况调研数据，共有36个海洋功能区未在省级区划中得到落实（10个省）（表3.2），未落实的主要海洋功能区的类型以渔业资源利用与养护区、矿产资源利用区、海水资源利用区三种类型为主（见图3.2）。

表3.2　未在省级海洋功能区划中落实的重点海洋功能区

序号	省份	名称	类型	数量
1	辽宁	复州湾盐田区	海水资源利用区	3
		金州盐田区		
		锦州盐田区		
		营口海蚀地貌景观自然保护区	海洋保护区	1
		绥中油气区	矿产资源利用区	1
2	河北	沧州盐田区	海水资源利用区	1
3	天津	塘沽增殖和养殖区	渔业资源利用与养护区	1
		北塘河口特别保护区	海洋保护区	1
4	山东	北四岛养殖区	渔业资源利用与养护区	1
		蓬莱19－3油气区	矿产资源利用区	1

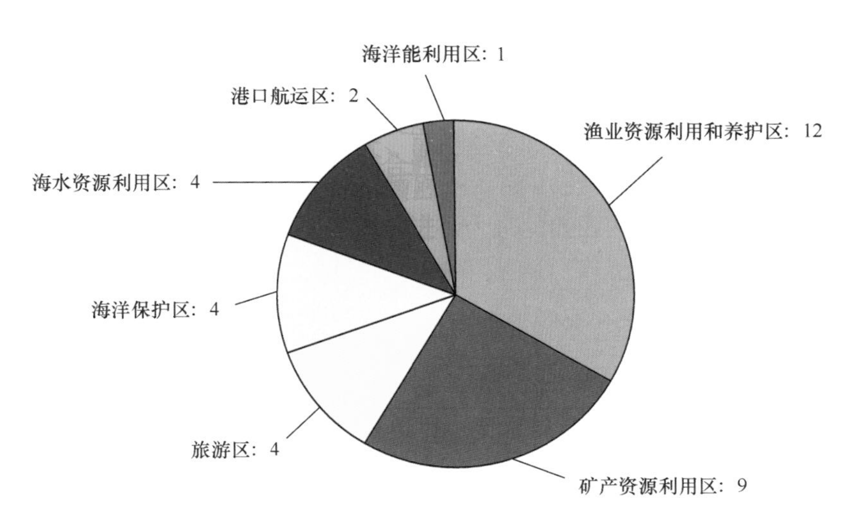

图3.2　未落实的海洋功能区比例

续表

序号	省份	名称	类型	数量
5	江苏	云台山旅游区	旅游区	1
		海东捕捞区	渔业资源利用与养护区	4
		烟威捕捞区		
		石岛捕捞区		
		大沙捕捞区		
		南黄海北部盆地油气勘探区	矿产资源利用区	2
		北黄海盆地油气勘探区		
		太仓港口区	港口航运区	1
6	上海	—	—	0
7	浙江	海宁黄湾自然保护区	海洋保护区	1
		舟山渔场捕捞区	渔业资源利用与养护区	1
8	福建	太姥山滨海旅游区	旅游区	2
		泉州海上丝绸之路旅游区	旅游区	
9	广东	南澳风能区	海洋能利用区	1
		太平港口区	港口航运区	1
		珠江口养殖区	渔业资源利用与养护区	2
		龙王湾养殖区		
		水东湾滨海旅游区	旅游区	1
10	广西	钦州港养殖区	渔业资源利用与养护区	1
		钦州湾近江牡蛎海洋自然保护区	海洋保护区	1
11	海南	文昌油气区	矿产资源利用区	5
		乐东油气区		
		南薇盆地油气区		
		中沙西南盆地油气勘探开发区		
		中建南油气勘探开发区		
		东沙南部捕捞区	渔业资源利用与养护区	2
		东沙捕捞区		
总计				36

3.2 海洋功能区划制度建设

1999年修订的《中华人民共和国海洋环境保护法》（以下简称《海洋环境保护法》）和2001年颁布的《中华人民共和国海域使用管理法》（以下简称《海域使用管理法》）正式确立了海洋功能区划的法律地位。为落实《海域使用管理法》关于海洋功能区划的规定，国务院和国家海洋局相继出台了多项配套制度，沿海各省（市、自治区）也出台了地方性法规，海洋功能区划建立了较为完善的制度体系。

3.2.1 法律

海洋功能区划法律地位的确定源于1999年修订的《海洋环境保护法》，该法第六条规定："国家海洋行政主管部门会同国务院有关部门和沿海省、自治区、直辖市人民政府拟定全国海洋功能区划，报国务院批准。""沿海地方各级人民政府应当根据全国和地方海洋功能区划，科学合理地使用海域。"该规定明确了海洋功能区划的编制审批部门，这是我国首次以法律形式对海洋功能区划做出规定。

此外，《海洋环境保护法》还在第7条、24条、30条和47条中明确规定，海域使用需要根据海洋功能区划科学合理安排，全国海洋环境保护规划、开发利用海洋资源、选择入海排污口、设置陆源污染物深海离岸排放排污口、兴建海洋工程建设项目等均需要与海洋功能区划相衔接或依据海洋功能区划，这些规定进一步确立了海洋功能区划在海洋管理中的地位。

《海域使用管理法》于2001年10月27日由全国人大常委会通过，自2002年1月1日起施行，它明确了海域使用管理的3项基本制度——功能区划、权属管理和有偿使用制度。在总则中，明确提出"国家实行海洋功能区划制度。海域使用必须符合海洋功能区划"。海洋功能区划作为一项极其重要的内容在《海域使用管理法》第二章予以专章规定。

《海域使用管理法》第二章规定了海洋功能区划的编制、审批、修改和公布，明确了养殖、盐业、交通、旅游等行业规划涉及海域使用的，应当符合海洋功能区划，沿海土地利用总体规划、城市规划、港口规划涉及海域使用的，应当与海洋功能区划相衔接。第三章规定，"县级以上人民政府海洋行政主管部门依据海洋功能区划，对海域使用申请进行审核"。在第七章"法律责任"中规定：不按海洋功能区划批准使用海域的，批准文件无效，收回非法使用的海域。

这两部法律明确了海洋功能区划在海域使用管理中的地位，是海洋功能区划制度最主要的法律依据。

3.2.2 配套制度和政策

国务院于2002年8月22日批准了《全国海洋功能区划》。随后，为推进全国海洋功能区划的实施和其他各级区划的编制和实施，国务院和国家海洋局出台了一系列的配套政策和制度。

3.2.2.1 编制

首先，国务院办公厅于2008年发布《关于印发国家海洋局主要职责内设机构和人员编制规定的通知》（国办发［2008］63号），规定国家海洋局承担的职责中包括“依法进行海域使用的监督管理，依法组织编制并监督实施全国海洋功能区划”。其次，在编制技术方面，为更好地规范海洋功能区划的编制工作，国家海洋局组织技术单位对1997年发布的《海洋功能区划技术导则》（GB 17108—1997）进行了修订，新的《海洋功能区划技术导则》（GB/T 17108—2006）于2006年发布。第三，在新一轮区划的编制过程中，为推进编制工作，国家海洋局发布了《省级海洋功能区划修编技术要求（试行）》（国海管字［2009］88号），之后又对其进行了修订，发布了“关于印发《省级海洋功能区划编制技术要求》的通知”（国海管字［2010］83号），对省级海洋功能区划的编制工作提出了具体的要求。

3.2.2.2 审批

国务院于2002年下发了《关于全国海洋功能区划的批复》（国函［2002］77号），并授权国家海洋局发布之后，于2003年3月7日批准了《省级海洋功能区划审批办法》（国函［2003］38号），对省级海洋功能区划的审查依据、审查内容、审查报批程序和公布做出了明确规定。

3.2.2.3 备案

2008年，国家海洋局发布了《海洋功能区划备案管理办法》（国海发［2008］12号），对海洋功能区划的备案管理做出了规定，明确了备案管理的适用范围、备案机关、备案时间、备案材料审查和修改材料备案等内容，并指定备案材料的归档工作由中国海洋档案馆负责。

3.2.2.4 评估和修改

国家海洋局于2007年颁布了《海洋功能区划管理规定》（国海发［2007］18号），对海洋功能区划的编制、审批、备案、评估和修改、实施等环节做出了规定。其中第4章以专章形式规定了海洋功能区划的评估和修改，提出：海洋功能区划批准实施两年后，县级以上海洋行政主管部门对本级海洋功能区划可以开展一次区划实施情况评估，对海洋功能区划提出一般修改或重大修改的建议。并要求必须先通过评估工作，才能提出一般修改或重大修改的建议。评估制度的建立既有利于保持海洋功能区划的稳定性，又能保证海洋功能区划适应变化的需要。

此外，为了在新一轮海洋功能区划批准前规范确需调整的省级海洋功能区划的修改工作，国家海洋局于2010年发布了《关于规范省级海洋功能区划修改工作的通知》（国海管字［2010］590号）。

3.2.2.5 实施

《海洋功能区划管理规定》第5章“海洋功能区划的实施”规定了区划文本、登记表和图件中一级类和二级类海洋功能区及其环境保护要求为严格执行的强制性内容，养殖、盐业、交通、旅游等行业规划涉及海域使用的，应当符合海洋功能区划。海洋（海岸）工程项目和用海项目选址、保护区和海洋倾倒区选划、入海排污口位置、设置陆源污染物深海离岸排放排污口等均应当符合海洋功能区划。

此外，关于海洋功能区划实施的规定散见于《海洋环境保护法》、《海域使用管理法》以及其他相关文件。

3.2.2.6 监督检查

《海域使用管理法》在第6章规定了县级以上人民政府海洋行政主管部门应加强海域使用的监督检查。第7章规定，“不按海洋功能区划批准使用海域的，批准文件无效，收回非法使用的海域”。监察部、人力资源和社会保障部、财政部、国家海洋局2008年联合出台了《海域使用管理违法违纪行为处分规定》，明确规定：“对于‘不按照海洋功能区划批准使用海域的’、‘违法修改海洋功能区划确定的海域功能的’等行为，要对有关责任人员进行行政处分。”

3.2.2.7 其他政策规定

为了更好地落实《海洋环境保护法》和《海域使用管理法》中关于海洋功能区划的规定，国务院、各部委以及国家海洋局在各自出台的多个涉海法规、规章和文件中均要求海域使用要符合海洋功能区划，涉海规划要与海洋功能区划衔接（表3.3）。

表3.3 海洋功能区划配套制度和政策涉及的主要文件

类别	文件名	文号
编制	《海洋功能区划技术导则》	GB 17108—1997 GB/T 17108—2006
	省级海洋功能区划修编技术要求（试行）	国海管字［2009］88号
	关于印发《省级海洋功能区划编制技术要求》的通知	国海管字［2010］83号
	关于印发国家海洋局主要职责内设机构和人员编制规定的通知	国办发［2008］63号
审批	关于国土资源部《省级海洋功能区划审批办法》的批复	国函［2003］38号
备案	海洋功能区划备案管理办法	国海发［2008］12号
评估、修改	海洋功能区划管理规定	
	关于规范省级海洋功能区划修改工作的通知	国海管字［2010］590号
实施	海洋功能区划管理规定	国海发［2007］18号
监督检查	海域使用管理违法违纪行为处分规定	2008
其他	关于进一步加强海洋管理工作若干问题的通知	国发［2004］24号

国家海洋局于2002年发布了《关于加快海洋功能区划编制、审批和实施工作的通知》（国海管字［2002］84号），国务院于2004年9月17日发布了《关于进一步加强海洋管理工作若干问题的通知》（国发［2004］24号），要求地方海洋行政主管部门做好本地区海洋功能区划的编制、报批和环评工作，养殖、盐业、交通、旅游等行业规划涉及海域使

用的，应当符合海洋功能区划。土地利用总体规划、城市规划、港口规划涉及海域使用的，应当与海洋功能区划相衔接。2009 年通过的《海岛保护法》也要求海岛保护规划的编制应当依据全国海洋功能区划。

通过建立相关制度，海洋功能区划管理形成了编制—审批—备案—实施—监督检查—评估、修改（修编）完善的制度体系，切实提高了海洋功能区划的编制技术水平和可操作性，加强了海洋功能区划实施的权威性和严肃性。

3.2.3 地方法规和规定

为实施《海域使用管理法》，2003 年至 2008 年，沿海 11 个省（市、自治区）陆续制定出台了海域使用管理办法，对海洋功能区划的地位和作用进行了明确规定，要求海域使用应当符合海洋功能区划。其中，河北、天津、山东、江苏、浙江、福建和广东 7 个省（市）还设了关于"海洋功能区划和海域使用规划"的专章规定，对海洋功能区划的编制、报批、修改和公布等内容做出了规定（表 3.4）。

表 3.4 沿海省（市、自治区）涉及海洋功能区划的法规

名称	时间	其他
辽宁省海域使用管理办法	2005 - 03 - 03	—
河北省海域使用管理条例	2006 - 11 - 25	设"海洋功能区划和海域使用规划"章节
天津市海域使用管理条例	2007 - 11 - 15	设"海洋功能区划和海域使用规划"章节
山东省海域使用管理条例	2003 - 09 - 26	设"海洋功能区划和海域使用规划"章节
江苏省海域使用管理条例	2005 - 05 - 26	设"海洋功能区划和海域使用规划"章节
上海市海域使用管理办法	2005 - 12 - 05	—
浙江省海域使用管理办法	2006 - 07 - 24	设"海洋功能区划和海域使用规划"章节
福建省海域使用管理条例	2006 - 05 - 26	设"海洋功能区划和海域使用规划"章节
广东省海域使用管理条例	2007 - 01 - 25	设"海洋功能区划和海域使用规划"章节
广西壮族自治区海域使用管理办法	2008 - 08 - 29	—
海南省实施《中华人民共和国海域法》办法	2005 - 05 - 27	—

3.2.4 其他相关法律法规及规定

为落实《海洋环境保护法》和《海域使用管理法》关于海洋功能区划的规定，与海洋功能区划制度相衔接，《港口法》、《海岛保护法》以及其他一些法规、部门规章和文件等均对涉及海洋功能区划的海域使用行为做出了规定，要求海域使用必须符合海洋功能区划，涉海规划必须与海洋功能区划相衔接（见表 3.5）。

表 3.5 涉及海洋功能区划的其他法规及文件

类别	文件名	文号或发布时间、部门
海域使用管理	国家海洋局关于为扩大内需促进经济平稳较快发展做好服务保障工作的通知	国海发［2008］29 号
	关于印发《海域使用论证管理规定》的通知	国海发［2008］4 号
	关于印发《属地受理、逐级审查报国务院批准的项目用海申请审查工作规则》的通知	国海管字［2007］22 号
	关于印发《海域使用权管理规定》的通知	国海发［2006］27 号
	关于印发《海洋功能区划管理规定》的通知	国家海洋局，2007
	关于印发《海洋功能区划备案管理办法》的通知	国海发［2008］12 号
	关于加强区域建设用海管理工作的若干意见	国海发［2006］14 号
	关于加强海洋倾废管理工作若干问题的通知	国海环字［2008］525 号
	临时海域使用管理暂行办法	国家海洋局，2003
	关于规范省级海洋功能区划修改工作的通知	国海管字［2010］590 号
	关于印发《省级海洋功能区划编制技术要求》的通知	国海管字［2010］83 号
	关于印发海域使用论证技术导则的通知	国海发［2010］22 号
	关于加强围填海规划计划管理的通知	发改地区［2009］2976 号
	关于加强围填海造地管理有关问题的通知	国土资发［2010］219 号
	关于印发《海域使用分类体系》和《海籍调查规范》的通知	国海管字［2008］273 号
海洋环境保护	关于贯彻落实海洋节能减排综合性工作方案若干意见的通知	国海发［2007］17 号
	关于贯彻落实《国家环境保护“十一五”规划》的意见	国海发［2007］34 号
	关于海洋领域应对气候变化有关工作的意见	国海发［2007］21 号
	关于印发《海洋工程环境影响评价管理规定》的通知	国海环字［2008］367 号
	关于进一步规范海洋自然保护区内开发活动管理的若干意见	国海发［2006］26 号
	海洋特别保护区管理暂行办法	国家海洋局，2005 - 11 - 16
	关于加强海洋倾废管理工作若干问题的通知	国海环字［2008］525 号
	关于印发《倾倒区管理暂行规定》的通知	国海发［2003］23 号
	关于印发《海洋特别保护区管理办法》、《国家级海洋特别保护区评审委员会工作规则》和《国家级海洋公园评审标准》的通知	国海发［2010］21 号
海洋科技发展	国家“十一五”海洋科学和技术发展规划纲要	国家海洋局、科技部、国防科工委、国家自然基金委，2006 - 11
海洋执法监督	海洋听证办法	国家海洋局，2007 - 11 - 26
其他	关于印发海上风电开发建设管理实施细则的通知	国家能源局、国家海洋局
	关于印发《海上风电开发建设管理暂行办法》的通知	国能新能［2010］29 号
	关于印发《无居民海岛保护和利用指导意见》的通知	国家海洋局

2003年颁布的《港口法》中规定，港口规划应当与海洋功能区划衔接与协调。此外，在国务院颁布的《防治海洋工程建设项目污染损害海洋环境管理条例》和《防治船舶污染海洋环境管理条例》中规定，海洋工程的选址和建设、污水离岸排放工程排污口的设置以及船舶修造、水上拆解的地点应当符合海洋功能区划。国务院、各部委以及国家海洋局在各自的文件中涉及海域使用的，均要求符合海洋功能区划或与之衔接。

3.3 海洋功能区划编制体系

海洋功能区划分为全国、省、市、县4级，下级区划依据上级区划编制，是上级区划的具体落实，是一个下级体现上级要求、逐级细化的过程。从2000年开始，国家海洋局着手编制《全国海洋功能区划》，经过2年的编制和协调，国务院于2002年8月22日批准了《全国海洋功能区划》，并由国家海洋局发布实施。此后，沿海地方政府加快了海洋功能区划编制审批工作，辽宁、山东、广西、海南四省（自治区）海洋功能区划于2004年获国务院批准，河北、江苏、浙江、福建四省海洋功能区划于2006年获国务院批准，2008年国务院又先后批准了天津市和广东省海洋功能区划。至此，沿海已有10个省级海洋功能区划得到国务院批准（表3.6）。根据海洋功能区划实施情况的专题调研数据统计：在全国49个沿海地级市中（不含浙江省杭州市、绍兴市），已批准的为36个，占73%；其他地级市有11个已编制完成，有2个尚未完成编制；在113个沿海县（县级市，但不包含区）中，已批准55个，占49%。江苏、浙江、福建三省基本完成市县区划的编制报批工作。此外，部分省市还编制了市辖区、重点海域的功能区划，四级海洋功能区划体系已基本形成。

表3.6 沿海省（市、自治区）区划编制和审批情况

沿海省（市、自治区）	省级区划报批情况	市级区划报批编制情况			县级区划报批编制情况		
		批准	编制完成	其他	批准	编制完成	县数量
辽宁省	已批准	5	1	—	—	7	11
河北省	已批准	2	1	—	—	2	7
天津市	已批准	—	—	—	—	—	—
山东省	已批准	4	3	—		10	20
江苏省	已批准	3	—	—	11		12
上海市	尚未批准		—	—	—	—	1
浙江省	已批准	5	—	—	17	—	17
福建省	已批准	6	—		16	—	16
广东省	已批准	6	6	2	3	—	17
广西壮族自治区	已批准	3	—	—	0	—	2
海南省	已批准	2	—	—	8	2	10
总计		36	11	2	55	21	113

注：未统计沿海各市辖区区划编制情况。

从统计数据来看，省、市级海洋功能区划编制批准情况基本良好，虽然部分地区区划编制历时过长，但从2009年的统计结果来看，基本按照相关要求稳步进行。而县级海洋功能区划编制报批情况不甚理想，分析其原因主要如下：①县级海洋行政管理部门的技术人员和软硬件配备有限，且多数未同各类海洋技术支撑单位建立业务联系，因而给区划编制工作带来一定限制；②上级功能区划启动时间晚或编制进度缓慢，未对县级区划编制工作给予及时的宏观指导，对县级区划的编制造成约束；③部分县级海洋管理部门对区划工作的重视程度还不够高，加之省级管理部门多数未采取相应的行政手段，也导致了县级区划编制进度缓慢。

为进一步落实《国务院关于全国海洋功能区划的批复》中的有关要求，完善海洋功能区划体系，国家海洋局还开展了海岸保护与利用规划编制工作。海岸保护与利用规划作为海洋功能区划的一个配套制度，其作用在于对海洋功能区划规定的近岸海域部分做进一步的量化和具体化。目前，辽宁、江苏和海南三省的试点工作已经基本完成，国家海洋局在试点工作的基础上全面启动了该项工作。

3.4 海洋功能区划技术体系

上一轮《海洋功能区划》实施以来，在技术体系建设方面，国家海洋局一方面加强人才建设，优选专家组成专家委员会，推荐区划技术编制单位，进行人员培训等；另一方面，在区划信息管理系统的建设方面取得了很大成绩。

3.4.1 海洋功能区划技术队伍建设

3.4.1.1 海洋功能区划专家委员会

为加强海洋功能区划理论和实践研究，国家海洋局2008年1月份成立了国家海洋功能区划专家委员会，国家海洋功能区划专家委员会主要履行下列职责：审查并发布海洋功能区划编制技术单位推荐名录；审查海洋功能区划、海岸保护与利用规划、区域建设用海规划等区划、规划的技术规范和标准；负责国家和省级海洋功能区划技术指导和专家评审工作；开展海洋功能区划及相关规划的理论和实践研究。此外，广东、山东等省还成立了省级海洋功能区划专家委员会。

3.4.1.2 海洋功能区划编制技术单位

为提高海洋功能区划编制水平，国家海洋功能区划专家委员会组织了海洋功能区划编制技术单位推荐工作，推荐了39家海洋功能区划编制技术单位推荐名录（见表3.7），国家海洋局审核并公布了名录，并做出以下规定：各级海洋行政主管部门组织编制海洋功能区划时，应当从推荐名录中选择编制技术单位；各技术单位要按照有关海域使用管理、海洋环境保护的法律法规和技术规范，科学编制海洋功能区划，认真做好技术服务工作；国家海洋功能区划专家委员会要加强对技术单位的业务指导、技术培训和监督管理，切实提高海洋功能区划编制水平。

表 3.7 海洋功能区划编制技术单位

序号	单位名称
1	国家海洋局海洋发展战略研究所
2	国家海洋环境监测中心
3	大连海事大学
4	河北省海洋研究院
5	河北师范大学
6	河北省地理科学研究所
7	国家海洋信息中心
8	国家海洋技术中心
9	国家海洋局天津海水淡化与综合利用研究所
10	国家海洋局第一海洋研究所
11	中国海洋大学
12	青岛环海海洋工程勘察研究院
13	国家海洋局北海预报中心
14	青岛海洋地质工程勘察院
15	烟台海岸带可持续发展研究所
16	山东省海水养殖研究所
17	山东省海洋水产研究所
18	南京师范大学
19	河海大学
20	中国科学院南京地理与湖泊研究所
21	国家海洋局东海环境监测中心
22	上海东海海洋工程勘察设计研究院
23	国家海洋局第二海洋研究所
24	浙江省发展规划研究院
25	舟山市海洋勘测设计院
26	宁波市海洋环境监测中心
27	国家海洋局第三海洋研究所
28	福建师范大学地理研究所
29	福建海洋研究所
30	福建省水产研究所
31	国家海洋局南海海洋工程勘察与环境研究院
32	广东省海洋资源研究发展中心
33	广东海洋大学
34	广州地理研究所
35	广西壮族自治区海洋监测预报中心
36	广西壮族自治区海洋研究所
37	广西科学院
38	海南省海洋开发规划设计研究院
39	海南大学

3.4.1.3　海洋功能区划编制技术培训

国家海洋局和国家海洋功能区划专家委员会于2009年组织了两期省级海洋功能区划修编培训（图3.3），对沿海各省（市、自治区）及技术编制单位的相关人员进行培训，先后200余人次参加了培训，提高了各级区划的编制技术水平，规范了区划编制。

图3.3　海洋功能区划修编培训第二期

3.4.2　海洋功能区划信息管理系统建设

为加强海洋功能区划信息化建设，国家海洋局组织技术单位开发了海洋功能区划信息系统，开展了海洋功能区划备案工作，目前全部省级海洋功能区划和部分市县海洋功能区划的备案工作已经展开，初步建立了海洋功能区划数据库，向社会公布各级海洋功能区划文本和相关的信息，提高公众参与度。国家海洋局还启动了海域使用动态监视监测系统建设，开展全国海洋功能区划动态监测工作（图3.4、图3.5）。

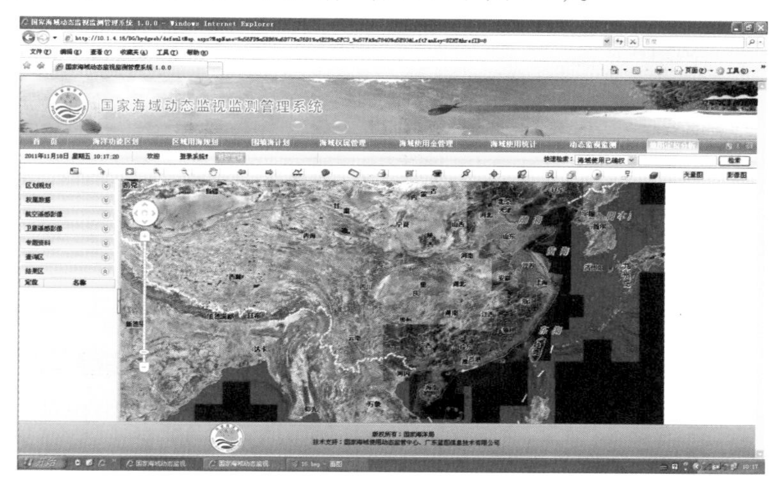

图3.4　国家海域动态监视监测管理系统截图一

图 3.5 国家海域动态监视监测管理系统截图二

3.5 海域使用管理执法检查

在海域使用管理执法检查方面，中国海监积极推进执法创新，严厉查处非法用海和擅自改变海域用途的违法行为，同时不断加强能力建设，增设机构，组织各类培训，建设执法船、新建执法艇和执法直升机，开展执法理论及技术研究，试验装备船载专用执法装备等。《海域使用管理法》实施以来，中国海监的执法能力和力度不断加强，2002年，共监督检查各类项目 3 258 个，累计检查 7 037 次，海域使用管理执法检查各类用海项目共计 2 520 个，累计检查 4 121 次；发现违法行为 979 起，而至 2010 年，中国海洋执法共派出海监飞机 1 068 架次，海监船舶 13 337 航次，进行海域使用管理执法检查用海项目 29 176 个，检查次数 72 233 次，发现违法行为 1 836 起，做出处罚决定 826 件(图 3.6)。

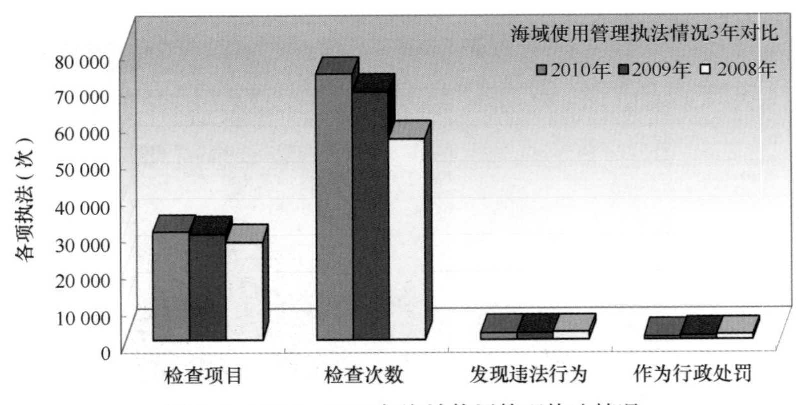

图 3.6 2008—2010 年海域使用管理执法情况

4 各海域的开发利用

全国海洋功能区划和省市县海洋功能区划通过规范和引导涉海行业规划，统筹安排行业用海，有效解决了海洋资源利用冲突，保障了国家大型项目用海。截至2010年底，全国共确权海域面积194×10^4 hm^2，其中，渔业用海为大部分地区的主要用海类型。辽宁、河北、山东、江苏、浙江、福建、广东、广西和海南渔业用海面积均占确权面积的第一位，我国北方沿海地区渔业用海在全部用海类型中所占的比重略高于南方沿海地区，其中江苏省最高为95.19%，最低的为城市化水平较高的沿海直辖市天津和上海，分别为11.14%和4.26%；天津和上海为我国最主要的两个港口城市，在全部用海类型中，占主导地位的为交通运输用海，分别为57.09%和62.81%；旅游产业是海南省的主要产业之一，旅游娱乐用海在全部用海类型中占16.87%，位于第二位（表4.1）。

表4.1 沿海省（市、自治区）主要用海类型及所占比例

地区	第一位	第二位	第三位	三者和占
辽宁省	渔业用海90.28%	工业用海3.90%	交通运输用海3.39%	97.57%
河北省	渔业用海76.61%	工业用海9.31%	交通运输用海7.82%	93.74%
天津市	交通运输用海57.09%	造地工程用海19.88%	渔业用海11.14%	88.11%
山东省	渔业用海91.91%	交通运输用海2.51%	工业用海1.65%	96.07%
江苏省	渔业用海95.19%	造地工程用海3.32%	工业用海0.60%	99.11%
上海市	交通运输用海62.81%	海底工程用海29.74%	渔业用海4.26%	96.81%
浙江省	渔业用海55.76%	海底工程用海12.87%	交通运输用海11.59%	80.22%
福建省	渔业用海69.31%	造地工程用海9.25%	工业用海8.13%	86.69%
广东省	渔业用海71.13%	交通运输用海8.16%	海底工程用海7.67%	86.96%
广西壮族自治区	渔业用海77.33%	造地工程用海7.44%	交通运输用海7.38%	92.15%
海南省	渔业用海52.70%	旅游娱乐用海16.87%	交通运输用海12.68%	82.25%

2005年底，全国已确权海域面积为87×10^4 hm^2，截至2010年底，全国管辖海域的已确权海域使用面积达到了194×10^4 hm^2，增加了1倍多。主要用海类型累计确权面积历年变化趋势见图4.1及表4.2。

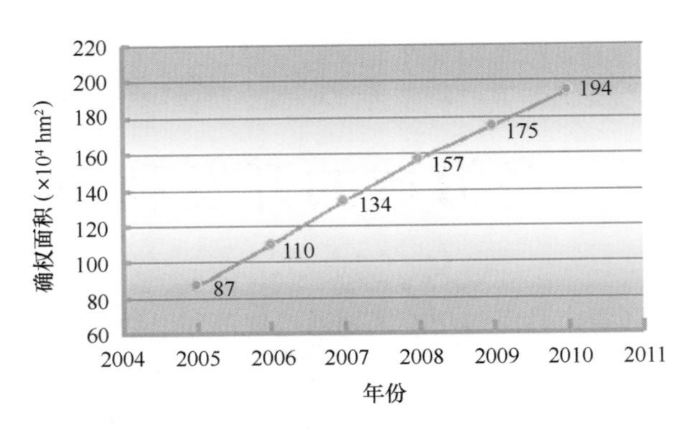

图 4.1 我国 2005—2010 年海域使用现状面积走势图

表 4.2 2005—2010 年我国主要用海类型累计确权面积变化趋势 单位：hm^2

用海类型	2005 年	2006 年	2007 年	2008 年	2009 年	2010 年
渔业用海	690 264	877 852	1 096 709	1 292 879	1 440 696	1 602 188
工业用海	21 004	32 225	37 051	46 204	56 724	74 370
交通运输用海	80 319	84 448	86 734	91 171	101 373	108 226
旅游娱乐用海	4 815	5 636	6 156	6 974	8 586	10 889
海底工程用海	34 211	34 491	35 727	36 723	37 310	37 369
排污倾倒用海	1 154	1 189	1 534	1 658	1 931	2 177
造地工程用海	33 007	41 855	55 280	66 280	72 318	74 598
特殊用海	6 971	9 531	12 595	14 548	14 765	15 670
其他用海	6 913	10 161	10 240	11 021	11 806	13 340
合计	870 069	1 097 387	1 342 026	1 567 459	1 745 508	1 938 827

由表 4.2 可以看出，2005—2010 年，我国海域用海总面积逐年递增，由 87×10^4 hm^2 多增加到 194×10^4 hm^2 多。其中增长最快的为渔业用海，由 2005 年的 69×10^4 hm^2 多增加到 2010 年的 160×10^4 hm^2 多；其次为工业用海，由 2005 年的 2×10^4 hm^2 多增加到 2010 年的 7×10^4 hm^2 多，2008 年至 2010 年增加明显；造地工程用海由 2005 年的 3×10^4 hm^2 多增加到 2010 年的 7×10^4 hm^2 多，2006 年至 2009 年增加明显，2010 年仅新增 2 280 hm^2，增长趋势趋于平缓。

4.1 辽宁省海域的开发利用

4.1.1 海域使用现状和结构分析

辽宁省海域包括辽东半岛西部及东部海域、辽河口邻近海域、长山群岛海域、辽西—

冀东海域（部分）4 个重点海域。主要功能为港口航运、海水资源利用、渔业资源利用和养护、旅游、海洋保护、矿产资源利用等。

截至2010 年底，辽宁省管辖海域的已确权海域使用面积为517 422 hm^2，发放海域使用权证10 417 本。用海类型包括渔业用海、工业用海、交通运输用海、造地工程用海、旅游娱乐用海、海底工程用海、排污倾倒用海、特殊用海和其他用海。由图4.2 可以看出，各类型用海中以渔业用海类型为主，其面积占总面积的90.28%；其次为工业用海，占总面积的3.90%。辽宁省确权用海数量及面积统计，如表4.3。

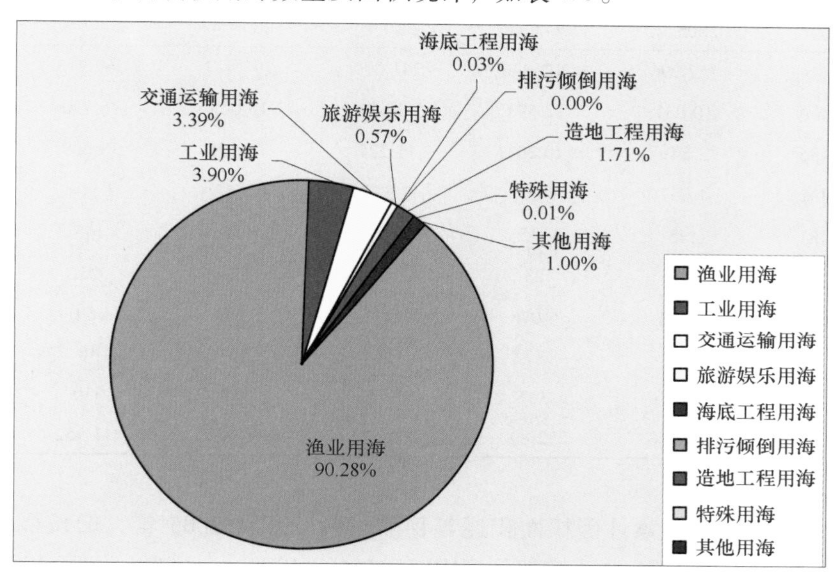

图4.2　辽宁省管辖海域海域使用结构

表4.3　辽宁省确权用海数量及面积统计

用海类型	用海数量（宗）	用海面积（hm^2）	所占比例（%）
渔业用海	9 588	467 129	90.28
工业用海	311	20 180	3.90
交通运输用海	225	17 537	3.39
旅游娱乐用海	91	2 955	0.57
海底工程用海	6	167	0.03
排污倾倒用海	1	23	0.00
造地工程用海	177	8 847	1.71
特殊用海	3	54	0.01
其他用海	15	530	0.10
合计	10 417	517 422	100

4.1.2 海域使用的年度变化

2005 年底，辽宁省的已确权海域面积为 178 208 hm^2，截至 2010 年底，辽宁省管辖海域的已确权海域使用面积达到了 517 422 hm^2，增加了约 2 倍。主要用海类型累计确权面积变化趋势如表 4.4。

表 4.4 2005—2010 年辽宁省主要用海类型累计确权面积变化趋势 单位：hm^2

用海类型	2005 年	2006 年	2007 年	2008 年	2009 年	2010 年
渔业用海	157 296	202 226	241 099	297 417	369 213	467 129
工业用海	10 031	12 594	12 664	13 005	15 750	20 180
交通运输用海	3 849	10 201	11 225	13 669	15 669	17 537
旅游娱乐用海	1 057	1 269	1 377	1 662	1 984	2 955
海底工程用海	145	145	145	145	145	167
排污倾倒用海	23	23	23	23	23	23
造地工程用海	5 453	6 076	7 115	8 591	8 591	8 847
特殊用海	17	17	17	17	46	54
其他用海	336	337	357	357	530	530
合计	178 208	232 890	274 022	334 887	411 952	517 422

辽宁省主要用海类型累计确权面积逐年稳步增长，相比 2005 年，增长最多的为渔业用海，由 2005 年的 157 296 hm^2 增加到 2010 年的 467 129 hm^2，2008 年至 2010 年增加明显；其次为交通运输用海，由 2005 年的 3 849 hm^2 增加到 2010 年的 17 537 hm^2，2008 年至 2010 年增加明显；工业用海由 2005 年的 10 031 hm^2 增加到 2010 年的 20 180 hm^2；造地工程用海增长了 62.24%，各主要用海类型已确权面积变化趋势如图 4.3、图 4.4。

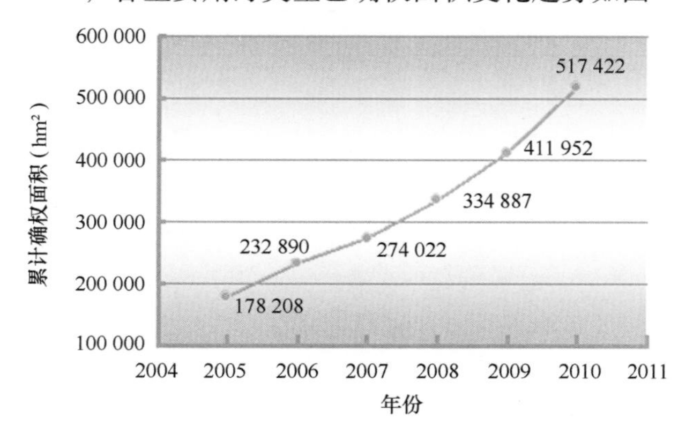

图 4.3 辽宁省 2005—2010 年海域使用现状面积走势图

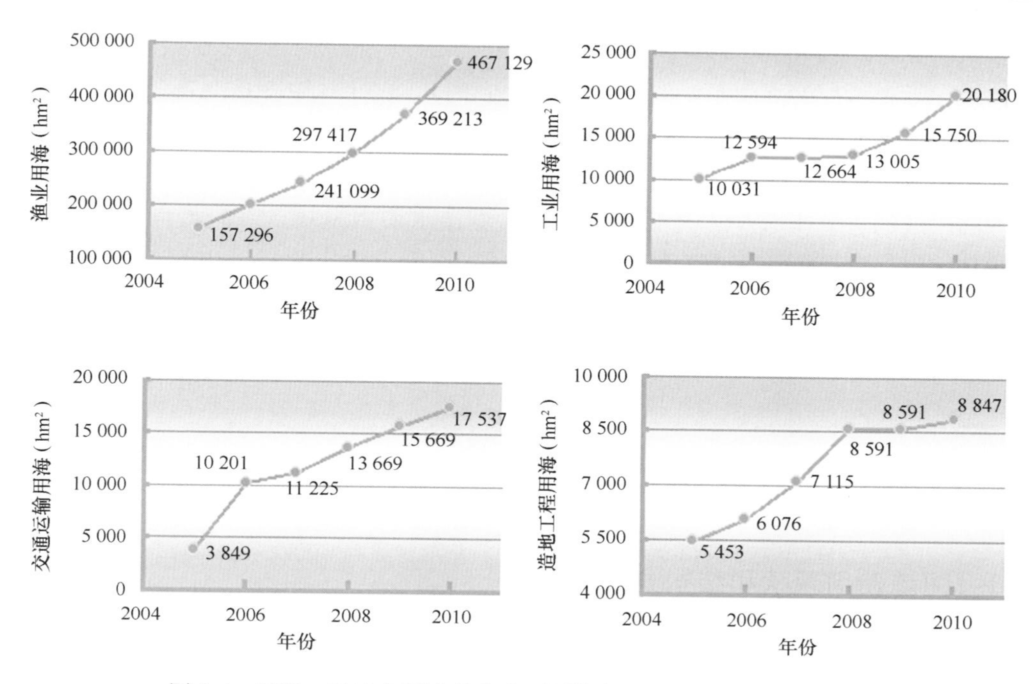

图 4.4 2005—2010 年辽宁省各主要用海类型已确权面积变化趋势

4.1.3 海域开发利用特点和问题分析

4.1.3.1 岸线利用效率高但效能不显著

辽宁省大陆岸线长 2 110 km，已利用岸线约 1 256 km，占岸线资源的 75.6%；自然岸线约 515 km，占岸线资源的 24.2%，岸线利用率较高。从岸线利用效益分析，城市岸线利用效益较高，特别是港口岸线和临港工业岸线效益较好，其他岸线利用效益相对较低，围海养殖虽然利用了较长的人工岸线，但岸线开发利用形式粗放，不合理占用岸线现象严重，盲目围海养殖，使海洋环境压力加大，自然滨海湿地急剧减少，海湾和岸线缩减问题突出，岸线利用发挥的功能效益不是十分突出。

4.1.3.2 敏感区域用海矛盾时有发生

敏感区域用海争议不断，主要矛盾区有：河口区、海域行政分界区、养殖用海与捕捞用海交汇区、港口和临海产业建设与渔业区、民众传统休闲用海区等矛盾和冲突。另外，城市沿海自然岸线越来越少，仅有的自然岸线大多已被看管，民众休闲亲海的空间越来越小。

4.1.3.3 盐业衰退亟待保护

近年来，随着沿海经济带的迅速发展，各类项目用海对辽宁沿岸盐业的冲击较大，盐业严重萎缩。据不完全统计：辽宁省盐业由 1998 年海洋功能区划修编统计的 68 900 亩，目前已剩不足 45 003 亩，丧失了 34.7%。因此，亟待加强盐业保护。

4.1.3.4　项目用海对海洋环境的影响

随着辽宁省海洋经济的快速发展，沿岸开发建设，海洋环境受到严重的影响。首先影响最大的是围填海项目的实施，它将直接导致保护区面积的缩小，大片生态湿地丧失，旅游景区改观，自然岸线遭到破坏等。其次，大面积的填海造地，将导致自然海湾、岛屿岸线和大陆岸线的进一步减少，改变了较稳定的海洋水动力系统，沿海将形成新的动力平衡，对环境将产生不可逆或不可预知的影响。第三，随着沿岸新兴工业的发展，海洋的承载压力越来越大，沿岸海水环境质量会进一步退化。因此，在关注海洋经济的同时，更应关注海洋经济建设给海洋环境带来的压力，在沿海经济开发中关注一些环境友好型的建设项目。

4.2　河北省海域的开发利用

4.2.1　海域使用现状和结构分析

河北省海域包括天津—黄骅海域（部分）、辽西—冀东海域（部分）两个重点海域。主要功能为港口航运、海水资源利用、矿产资源利用、渔业资源利用和养护、海洋保护等。

截至2010年底，河北省管辖海域的已确权海域使用面积为107 078 hm^2，发放海域使用权证4 745本。各类型用海中以渔业用海类型为主，其面积占总面积的76.61%；其次为工业用海9.31%，交通运输用海7.82%，其他类型用海共占6.26%（图4.5）。河北省确权用海数量及面积统计，见表4.5。

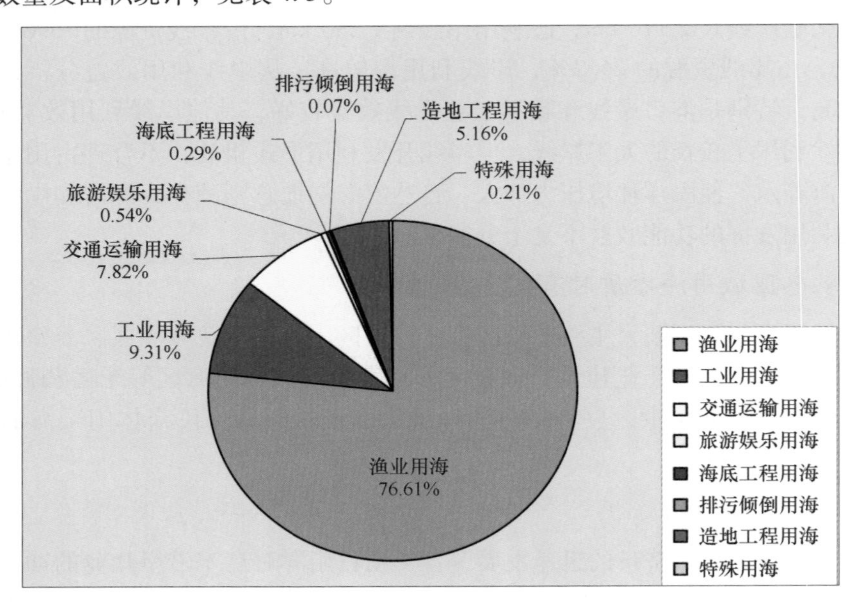

图4.5　河北省管辖海域海域使用结构

表 4.5 河北省确权用海数量及面积统计

用海类型	用海数量（宗）	用海面积（hm^2）	所占比例（%）
渔业用海	4 378	82 033	76.61
工业用海	161	9 966	9.31
交通运输用海	60	8 375	7.82
旅游娱乐用海	28	573	0.54
海底工程用海	2	311	0.29
排污倾倒用海	1	73	0.07
造地工程用海	114	5 520	5.16
特殊用海	1	227	0.21
其他用海	0	0	0.00
合计	4 745	107 078	100

4.2.2 海域使用的年度变化

截至 2005 年底，河北省已确权海域面积为 43 987 hm^2，截至 2010 年底，河北省管辖海域的已确权海域面积达到 107 078 hm^2，增长了 1 倍。河北省主要用海类型累计确权面积变化趋势如表 4.6。

表 4.6 2005—2010 年河北省主要用海类型累计确权面积变化趋势 单位：hm^2

用海类型	2005 年	2006 年	2007 年	2008 年	2009 年	2010 年
渔业用海	31 499	52 815	69 955	82 033	82 033	82 033
工业用海	3 873	3 969	4 592	4 779	5 286	9 966
交通运输用海	5 503	5 652	5 807	7 337	8 375	8 375
旅游娱乐用海	451	479	573	573	573	573
海底工程用海	24	24	311	311	311	311
排污倾倒用海	73	73	73	73	73	73
造地工程用海	2 336	2 652	3 007	3 309	5 520	5 520
特殊用海	227	227	227	227	227	227
其他用海	0	0	0	0	0	0
合计	43 987	65 891	84 545	98 643	102 398	107 078

由表4.6可以看出，2005—2010年，河北海域用海总面积由43 987 hm² 增加到107 078 hm²。其中渔业用海总面积由2005年的31 499 hm² 增加到2010年的82 033 hm²，2005—2008年增加明显，2008—2010年保持平稳；工业用海面积逐年递增，由2005年的3 873 hm² 增加到2010年的9 966 hm²；交通运输用海由2005年的5 503 hm² 增加到2010年的8 375 hm²，2007—2009年增加明显；造地工程用海由2005年的2 336 hm² 增加到2010年的5 520 hm²，2005—2008年逐年稳步增加，2008—2009年增加明显（图4.6）。各主要用海类型已确权面积变化趋势如图4.7。

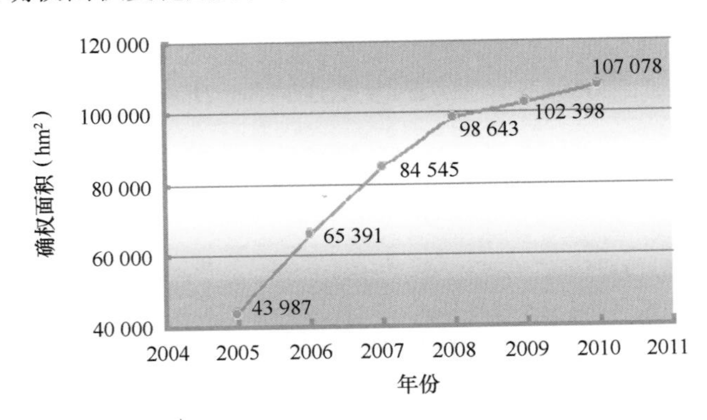

图4.6 河北省2005—2010年海域使用现状面积走势图

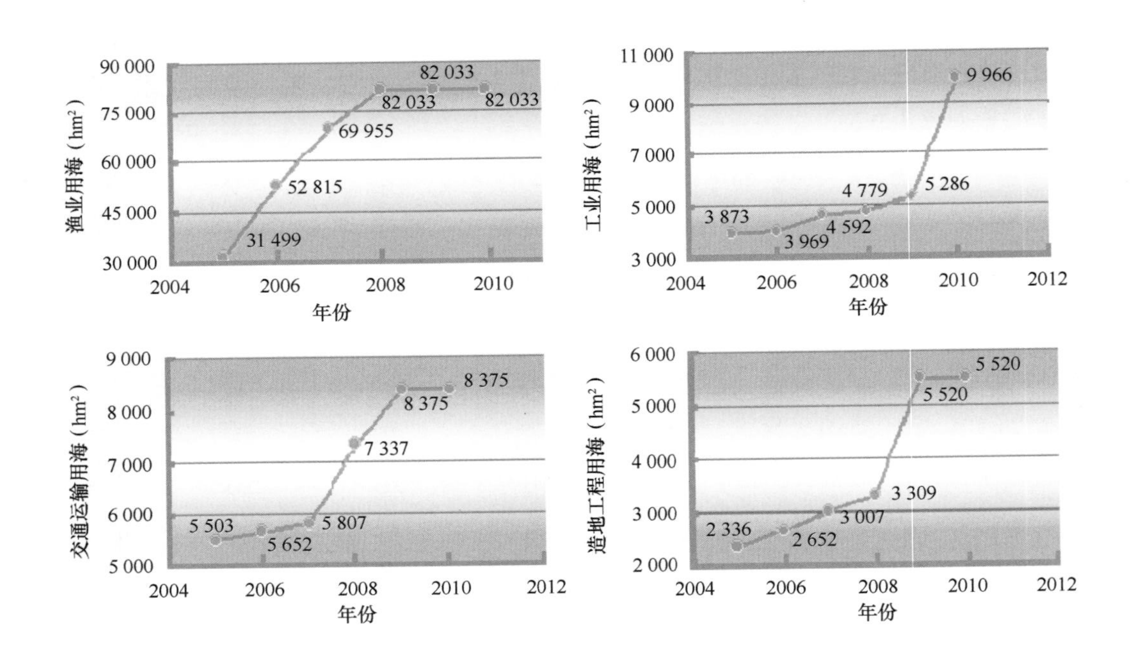

图4.7 2005—2010年河北省各主要用海类型已确权面积变化趋势

4.2.3 海域开发利用特点和问题分析

4.2.3.1 近岸海域资源供需矛盾突出

旅游、渔业、港口、临海工业、自然保护区用海等海域使用类型均具有排他性，且集中于近岸海域。随着海洋经济的不断发展，各业对近岸海域空间资源的需求量逐渐增大，资源供需矛盾日渐突出，这些矛盾如不能有效解决，将直接影响海洋经济持续健康发展。

4.2.3.2 不同区域的同类海域资源开发利用程度存在较大差异

受资源分布、环境条件、地理区位等因素的影响，同类资源的开发利用程度在不同的区域存有较大差异。

4.2.3.3 渔业养殖利用类型的布局随意性较大

由于缺乏具体的规划，围海养殖、开放式养殖和人工鱼礁养殖等利用类型，在布局上呈现出不同程度的随意性和盲目性，资源利用较为粗放。由于养殖区布局分散、邻区间距宽窄程度不同、养殖航道设置无规则，开发随意、池塘分布连续性差，导致有效使用面积小，造成资源浪费。

4.2.3.4 海域使用类型比例不协调，利用效益偏低

河北省海域类型虽较齐全，但用海结构规划性较低。除表现为公益性使用类型接近生产性使用类型外，在经营性使用类型内部结构上，具体表现为传统渔业生产使用所占比例较高，工业用海、旅游娱乐等海洋产业使用类型所占比例较小；且旅游娱乐用海类型，大多以单纯资源利用型的浴场用海为主体，直接导致了利用效益偏低。

4.2.3.5 经济发展与海洋自然保护矛盾日益突出

随着沿海经济建设的迅猛发展，旅游、捕捞、养殖、农林生产、城市建设等对自然保护区的影响日益加大，海洋自然保护空间不断被挤压，本已脆弱的主要保护对象受到不同程度的干扰和破坏，呈现出不同程度的退化趋势。海洋自然保护形势日渐严峻。

4.3 天津市海域的开发利用

4.3.1 海域使用现状和结构分析

天津市海域主要包括天津—黄骅海域（部分）重点海域。主要功能为港口航运、海水资源利用、渔业资源利用和养护、矿产资源利用、海洋保护等。

截至2010年底，天津管辖海域的已确权海域使用面积为39 670 hm^2，发放海域使用权证369本。用海类型包括交通运输用海、造地工程用海、渔业用海、工业用海、旅游娱乐用海、排污倾倒用海、特殊用海和其他用海（见图4.8）。天津市为我国主要的港口城市，

在全部用海类型中，占主导地位的为交通运输用海，其面积占总面积的57.09%。天津市确权用海数量及面积统计，如表4.7。

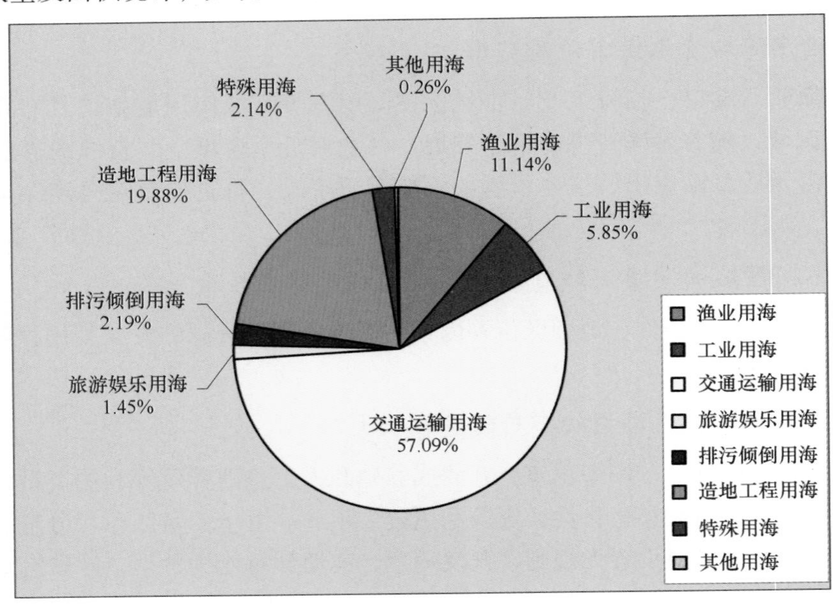

图4.8 天津市管辖海域海域使用结构

表4.7 天津市确权用海数量及面积统计

用海类型	用海数量（宗）	用海面积（hm^2）	所占比例（%）
渔业用海	77	4 421	11.14
工业用海	89	2 319	5.85
交通运输用海	109	22 649	57.09
旅游娱乐用海	12	574	1.45
海底工程用海	0	0	0
排污倾倒用海	29	868	2.19
造地工程用海	49	7 887	19.88
特殊用海	2	849	2.14
其他用海	2	103	0.26
合计	369	39 670	100

4.3.2 海域使用的年度变化

截至2005年底，天津市已确权海域面积为25 784 hm^2，截至2010年底，天津市管辖海域的已确权海域面积达到39 670 hm²，增长了53.85%。天津市主要用海类型累计确权面积历年变化趋势如表4.8。

表4.8 2005—2010年天津市主要用海类型累计确权面积变化趋势 单位：hm²

用海类型	2005年	2006年	2007年	2008年	2009年	2010年
渔业用海	2 086	2 380	2 385	3 296	4 421	4 421
工业用海	691	691	700	802	992	2 319
交通运输用海	18 832	19 578	19 580	19 661	22 017	22 649
旅游娱乐用海	472	472	472	487	546	574
海底工程用海	0	0	0	0	0	0
排污倾倒用海	868	868	868	868	868	868
造地工程用海	1 933	1 964	5 122	6 329	7 725	7 887
特殊用海	799	849	849	849	849	849
其他用海	103	103	103	103	103	103
合计	25 784	26 904	30 079	32 394	37 520	39 670

天津市主要用海类型为交通运输用海、渔业用海、造地工程用海和工业用海。从表4.8可以看出，2005—2010年6年间，天津市用海类型发生了很大变化，相比2005年，增长最多的为造地工程用海，由2005年的1 933 hm²增加到2010年的7 887 hm²，增长了3倍；其次为工业用海，由691 hm²增加到2 319 hm²，增长了2倍；渔业用海增长了1倍，但趋势趋于平稳，2010年无新增渔业用海；交通运输用海增长了20.27%（图4.9）。各主要用海类型已确权面积变化趋势见图4.10。

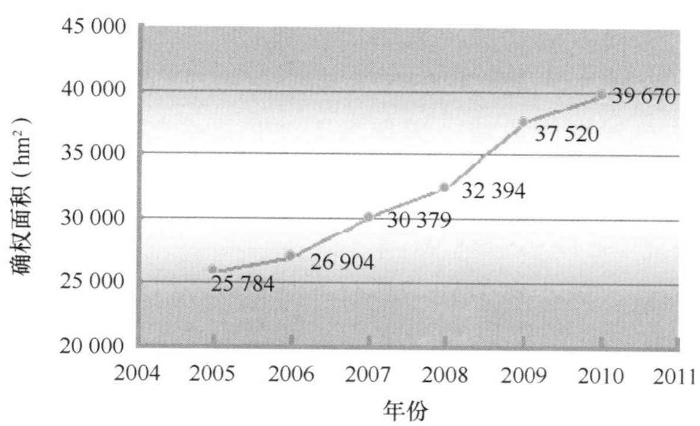

图4.9 天津市2005—2010年海域使用现状面积走势

4.3.3 海域开发利用特点和问题分析

天津是我国北方最大的人工港，拥有广阔的腹地，是华北、西北广大地区最近的出海口；在已确权发证的用海中，交通运输用海占较大比重。天津市海域开发利用已形成以交

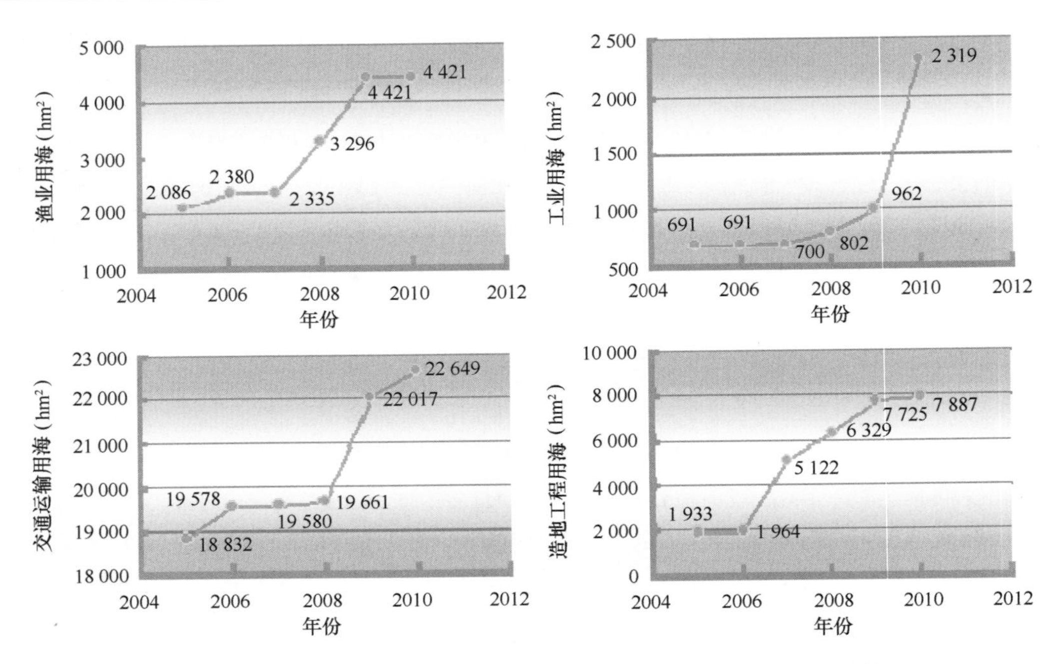

图 4.10　2005—2010 年天津市各主要用海类型已确权面积变化趋势

通运输用海为主导的用海结构。港口对于滨海新区的开发开放，对于建设国际航运中心和国际物流中心具有核心的重要作用。随着以港口为依托的临港工业体系，以港口为核心的综合运输体系，以港口为中心的现代物流体系及综合服务体系的建设，码头、港池等交通运输用海类型为主导的用海结构还将继续加强。目前，天津海域开发利用主要存在以下几个问题。

（1）开发密度高，供需矛盾显现：天津市传统产业与新兴产业的开发利用过于集中于近岸海域，海域与海岸带成为开发利用的主要场所，可用资源日渐稀缺。

（2）围填海较快，自然岸线锐减：近年来天津市围填海规模和总量高速增长，出于降低开发难度、节约开发成本等种种考虑，当前多数围填海项目仍以顺岸平推的方式开展，导致原本稀缺的岸线资源受到很大损害。

（3）海洋环境恶化，海洋灾害增加：随着城市化进程的加快和临港工业的发展，陆源排海污染物不断增加，倾废、船舶以及海水养殖等对海域生态环境造成巨大压力。天津市近岸海域为劣四类和四类海水水质标准，基本不具备养殖用海条件。

4.4　山东省海域的开发利用

4.4.1　海域使用现状和结构分析

山东省海域包括莱州湾及黄河口毗邻海域、庙岛群岛海域、烟台—威海海域、胶州湾及其毗邻海域4个重点海域。主要功能为渔业资源利用和养护、港口航运、矿产资源利用、海水资源利用、旅游、海洋保护等。

截至2010年底，山东省管辖海域的已确权海域使用面积为353 067 hm^2，主要的用海类型为渔业用海、工业用海、交通运输用海、造地工程用海和特殊用海（图4.11）。填海造地主要用于港口建设、临海工业园区建设和矿产资源利用项目。山东省确权用海数量及面积统计，如表4.9。

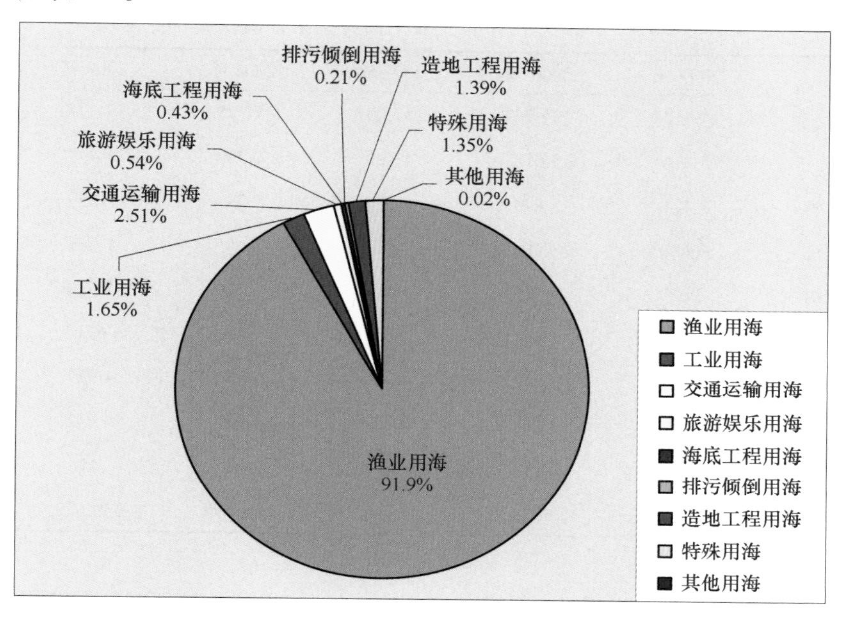

图4.11　山东省管辖海域海域使用结构

表4.9　山东省确权用海数量及面积统计

用海类型	用海数量（宗）	用海面积（hm^2）	所占比例（%）
渔业用海	7 095	324 502	91.91
工业用海	334	5 811	1.65
交通运输用海	308	8 863	2.51
旅游娱乐用海	83	1 902	0.54
海底工程用海	93	1 520	0.43
排污倾倒用海	14	729	0.21
造地工程用海	201	4 915	1.39
特殊用海	42	4 761	1.35
其他用海	8	64	0.02
合计	8 178	353 067	100

4.4.2 海域使用的年度变化

截至2005年底，山东省已确权海域面积为161 876 hm^2，截至2010年底，山东省管辖海域的已确权海域面积达到353 067 hm^2，增长了1倍。2005—2010年山东省主要用海类型累计确权面积变化趋势如表4.10。

表4.10 2005—2010年山东省主要用海类型累计确权面积变化趋势 单位：hm^2

用海类型	2005年	2006年	2007年	2008年	2009年	2010年
渔业用海	149 146	194 767	237 033	281 952	304 072	324 502
工业用海	3 376	3 613	4 129	4 740	5 498	5 811
交通运输用海	3 421	3 848	4 527	5 956	7 659	8 863
旅游娱乐用海	618	719	806	859	1 549	1 902
海底工程用海	902	902	956	1 520	1 520	1 520
排污倾倒用海	67	67	326	386	611	729
造地工程用海	2 104	2 842	4 145	4 908	4 915	4 915
特殊用海	2 210	2 908	3 704	4 632	4 752	4 761
其他用海	33	45	45	45	45	64
合计	161 876	209 712	255 671	304 999	330 622	353 067

山东省主要用海类型为渔业用海、交通运输用海、工业用海和造地工程用海。从表4.10可以看出，相比2005年，增长最多的为渔业用海，由2005年的149 146 hm^{2}增加到2010年的324 502 hm^2；其次为交通运输用海，由3 421 hm^{2}增加到8 863 hm^2；此外，造地工程用海、工业用海和旅游娱乐用海也均有明显增长如图4.12。各主要用海类型已确权面积变化趋势见图4.13。

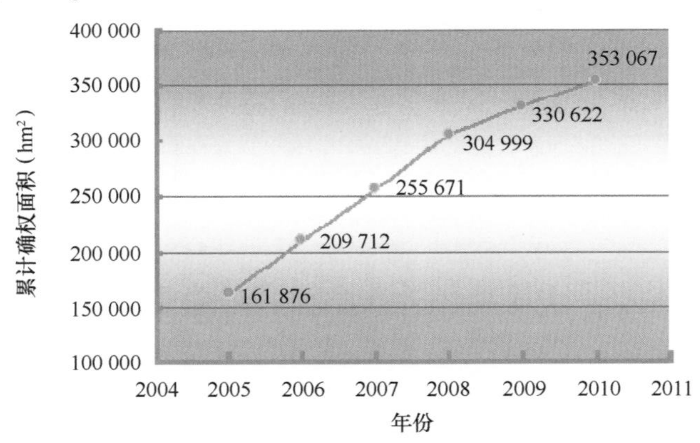

图4.12 2005—2010年山东省海域使用现状面积走势

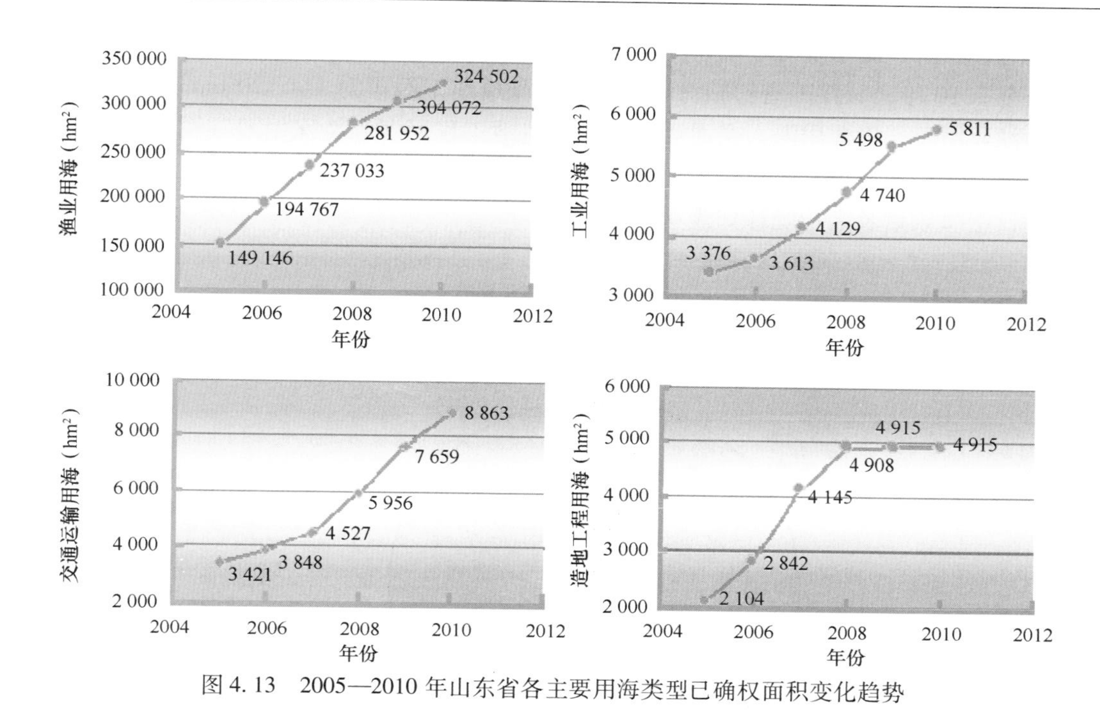

图 4.13 2005—2010 年山东省各主要用海类型已确权面积变化趋势

4.4.3 海域开发利用特点和问题分析

虽然山东省海洋经济发展速度较快，但与发达国家和地区相比，海洋空间资源开发利用的深度和广度有很大差距，在开发过程中还存在一些问题，主要表现在以下几个方面。

（1）开发无序，缺少统筹规划。由于各涉海管理部门各自为政，各取所需，缺少协作配合，导致海洋空间资源开发成无序状态。且至今尚无关于海洋空间资源合理开发利用的总体规划。距离建设山东蓝色半岛经济区提出的集约用海的要求，存在巨大差距。

（2）传统产业比重大，新兴产业发展滞后。传统海洋渔业、交通运输业在海洋空间资源开发中仍占主导；而新兴的滨海旅游业、海上城市、海上工厂、海洋工程等所占比重较小，甚至没有。

（3）科技含量不高，低水平重复建设情况时有发生。

（4）专业人才缺乏，特别是缺乏海洋空间工程技术人员。

（5）环境污染严重，存在着重开发、轻环境保护倾向，特别是渤海水域，海洋污染异常严重。

4.5 江苏省海域的开发利用

4.5.1 海域使用现状和结构分析

江苏省海域包括苏北海域、长江口—杭州湾海域（部分）两个重点海域。主要功能为港口航运、旅游、海水资源利用、海洋保护等。

截至2010年底，江苏省管辖海域的已确权海域使用面积为444 120 hm^2，主要的用海类型为渔业用海、工业用海、交通运输用海、造地工程用海和特殊用海（图4.14）。渔业用海主要分布在盐城市和南通市，围海造地用海主要用于港口、工程建设及滩涂围垦。江苏省确权用海数量及面积统计如表4.11。

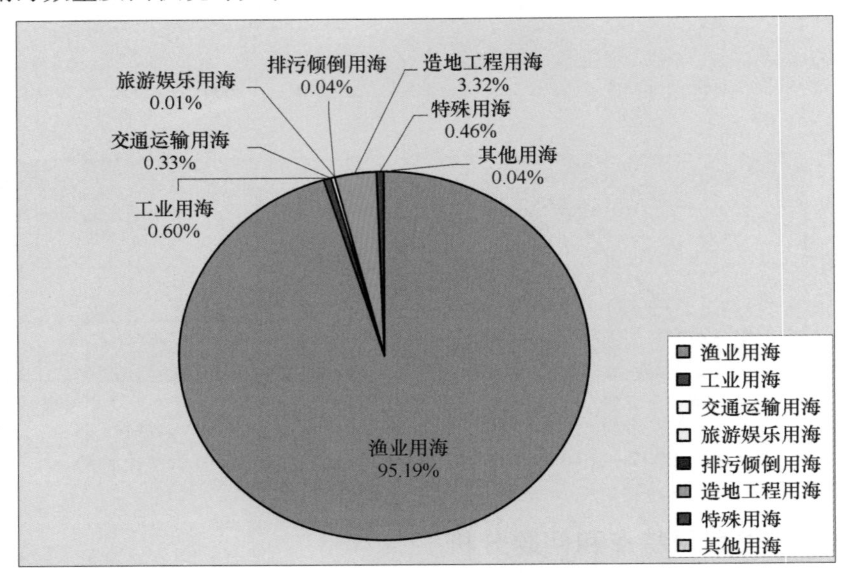

图4.14 江苏省管辖海域海域使用结构

表4.11 江苏省确权用海数量及面积统计

用海类型	用海数量（宗）	用海面积（hm^2）	所占比例（%）
渔业用海	2 264	422 750	95.19
工业用海	33	2 684	0.60
交通运输用海	51	1 475	0.33
旅游娱乐用海	9	50	0.01
海底工程用海	1	11	0
排污倾倒用海	3	183	0.04
造地工程用海	308	14 744	3.32
特殊用海	8	2 044	0.46
其他用海	15	179	0.04
合计	2 692	444 120	100

4.5.2 海域使用的年度变化

截至2005年底，江苏已确权海域面积为187 514 hm^2，截至2010年底，江苏省管辖海域的已确权海域面积达到444 120 hm^2。2005—2010年江苏省主要用海类型累计确权面积变化趋势如表4.12。

表4.12 2005—2010年江苏省主要用海类型累计确权面积变化趋势 单位：hm^2

用海类型	2005年	2006年	2007年	2008年	2009年	2010年
渔业用海	181 466	239 104	308 570	360 127	389 562	422 750
工业用海	788	1 062	1 158	1 827	2 652	2 684
交通运输用海	396	396	536	996	1 147	1 475
旅游娱乐用海	45	47	47	47	47	50
海底工程用海	0	0	0	0	11	11
排污倾倒用海	0	0	0	41	79	183
造地工程用海	4 433	8 291	10 793	12 971	13 555	14 744
特殊用海	243	243	243	1 245	1 245	2 044
其他用海	144	161	161	162	164	179
合计	187 514	249 302	321 508	377 416	408 462	444 120

江苏省主要用海类型为渔业用海、工业用海、交通运输用海、造地工程用海和特殊用海。从表4.12可以看出，相比2005年，增长最多的为渔业用海，由2005年的181 466 hm^2增加到2010年的422 750 hm^2；其次，工业用海、交通运输用海和造地工程用海也有明显增加，均增长了2倍以上（图4.15）。各主要用海类型已确权面积变化趋势见图4.16。

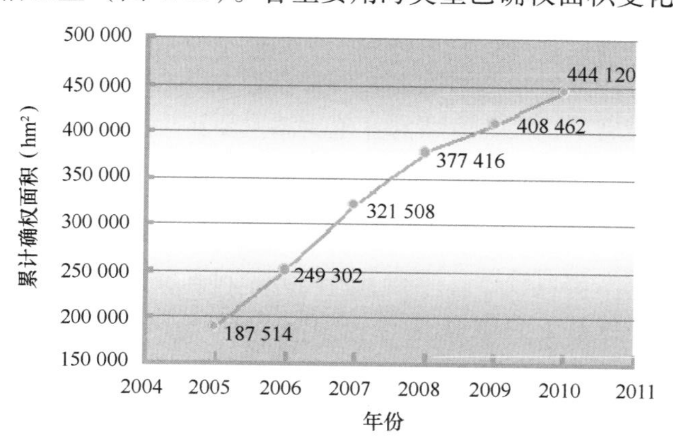

图4.15 2005—2010年江苏省海域使用现状面积走势

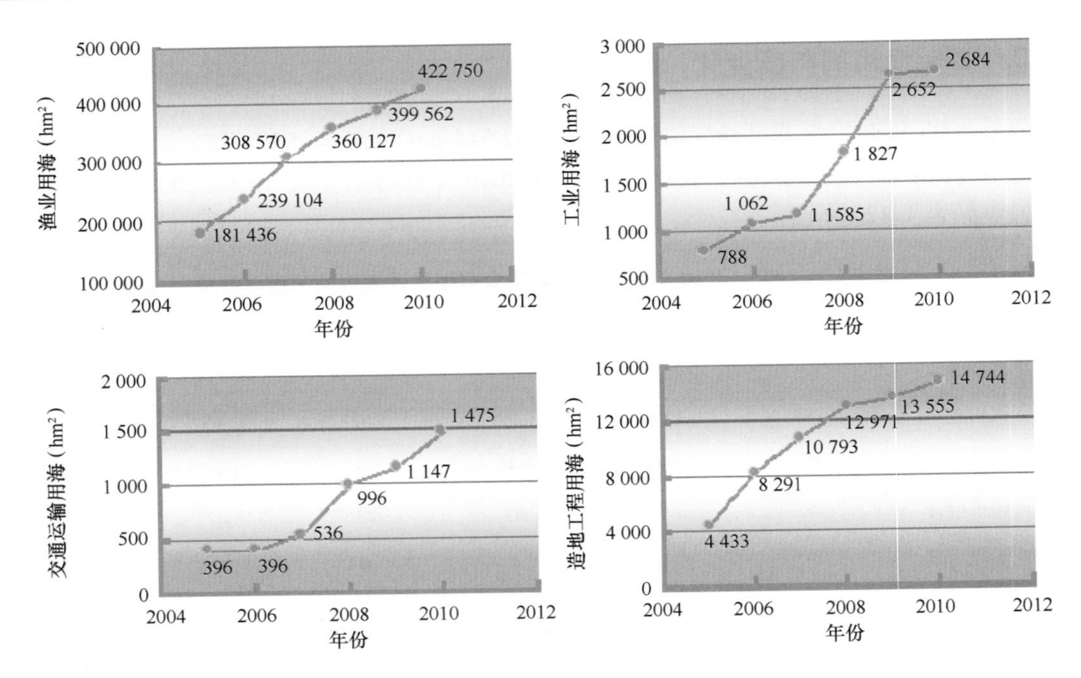

图 4.16　2005—2010 年江苏省各主要用海类型已确权面积变化趋势

4.5.3　海域开发利用特点和问题分析

通过对近几年的用海情况进行分析，归纳总结江苏用海的特点和存在问题，具体情况如下。

4.5.3.1　以渔业用海为主，用海效益较低

从江苏海域的使用现状来看，以传统的渔业养殖用海为主，海洋资源开发利用程度不高，用海效益较低。造成这种现状的原因是江苏大部分为粉沙淤泥质海岸，沿海滩涂面积宽阔，很长一段时间将“开发沿海滩涂，发展种养殖业”作为沿海开放的思路，海洋资源其他功能的开发相对滞后。且江苏海域的养殖用海主要集中在近岸滩涂和浅海海域，由于深水离岸较远，发展深水养殖困难较大，离岸深水海洋生态资源闲置，利用率低。

4.5.3.2　现有港口规模较小，大型海港开发开始启动

江苏海域的港口用海规模较小，但有上升趋势。目前江苏海域规模较大的海港只有连云港港，苏中、苏南地区缺乏大型海港。江苏中、南部海域长期以来由于受岸滩稳定性、辐射沙洲及河口拦门沙等自然条件制约，港口规模普遍较小，主要为渔船的进出通道，码头建设以中小泊位为主，一些码头基本处于闲置状态。近期的研究表明：江苏海域的辐射沙洲区及侵蚀性岸段也具备建设大型海港的条件，随着江苏沿海开发战略的实施，沿海地区纷纷以港口的建设作为突破口，目前，大丰港、洋口港、吕四港、滨海港等大型海港的建设已经启动。

4.5.3.3 围填海呈上升趋势，但存在一定的盲目性

江苏近几年围填海用海呈上升趋势。一方面是由于陆地土地资源较紧张，控制较严，而沿海滩涂资源丰富，有围海造地的条件，海域使用审批与土地相比较宽松。因此，沿海地区选择通过围海造地发展工业园区或进行城市建设。另一方面，近年来沿海各市启动建设大型海港，港口的开发需要建设堆场等配套基础设施，这也使得围填海用海增多。但是江苏海域的围填海用海有些是依据地方上的计划、规划或任务实施的，缺乏实质性的项目作为依托，部分海域申领了围填海用海之后，没有项目上马建设，造成海洋资源的闲置浪费。

4.5.3.4 海洋污染加剧，纳入海域管理的排污用海较少

江苏海域纳入海域管理的排污用海较少。江苏沿海建有一批临海工业园区，大部分的工业园区选择向入海河流排放污水，污水最终排入海洋，这是海洋污染物的主要来源，然而这种排污很难纳入海域管理的系统中，但其对海洋环境的影响很大，造成近岸海域环境恶化。

4.6 上海市海域的开发利用

4.6.1 海域使用现状和结构分析

上海市海域包括长江口—杭州湾海域（部分）重点海域。主要功能为港口航运、海洋工程、旅游、渔业资源利用和养护、海洋保护。

截至2010年底，上海市管辖海域的已确权海域使用面积为15 645 hm^2，主要的用海类型为交通运输用海和海底工程用海（图4.17）。上海市是我国最主要的大港，城镇化水平较高，渔业用海所占比重很小。上海市确权用海数量及面积统计，见表4.13。

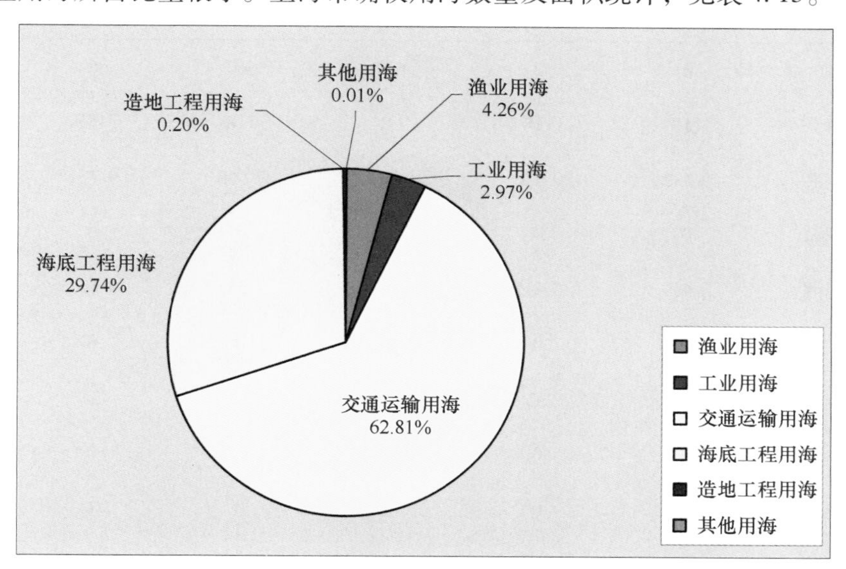

图4.17 上海市管辖海域海域使用结构

表 4.13 上海市确权用海数量及面积统计

用海类型	用海数量（宗）	用海面积（hm^2）	所占比例（%）
渔业用海	1	667	4.26
工业用海	3	465	2.97
交通运输用海	16	9 827	62.81
旅游娱乐用海	0	0	0
海底工程用海	13	4 653	29.74
排污倾倒用海	0	0	0
造地工程用海	1	32	0.20
特殊用海	0	0	0
其他用海	2	1	0.01
合计	36	15 645	100

4.6.2 海域使用的年度变化

截至2005年底，上海市已确权海域面积为12 948 hm^2，截至2010年底，上海市管辖海域的已确权海域面积达到15 645 hm^2，增长了20.83%。2005—2010年上海市主要用海类型累计确权面积变化趋势如表4.14。

表 4.14 2005—2010年上海市主要用海类型累计确权面积变化趋势 单位：hm^2

用海类型	2005年	2006年	2007年	2008年	2009年	2010年
渔业用海	0	0	667	667	667	667
工业用海	118	118	118	118	455	465
交通运输用海	9 422	9 626	9 655	9 668	9 724	9 827
旅游娱乐用海	0	0	0	0	0	0
海底工程用海	3 409	3 415	4 254	4 254	4 653	4 653
排污倾倒用海	0	0	0	0	0	0
造地工程用海	0	32	32	32	32	32
特殊用海	0	0	0	0	0	0
其他用海	0	0	0	0	1	1
合计	12 948	13 190	14 726	14 739	15 532	15 645

从表4.14可以看出，相比2005年，上海市的交通运输用海、海底工程用海、渔业用海和工业用海均有稳步增长，其中海底工程用海增长了36.49%，交通运输用海增长了4.30%（图4.18）。各主要用海类型已确权面积变化趋势如图4.19。

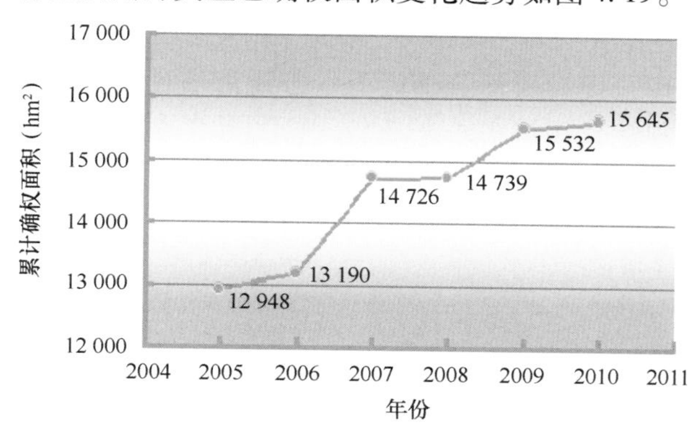

图4.18 上海市2005—2010年海域使用现状面积走势

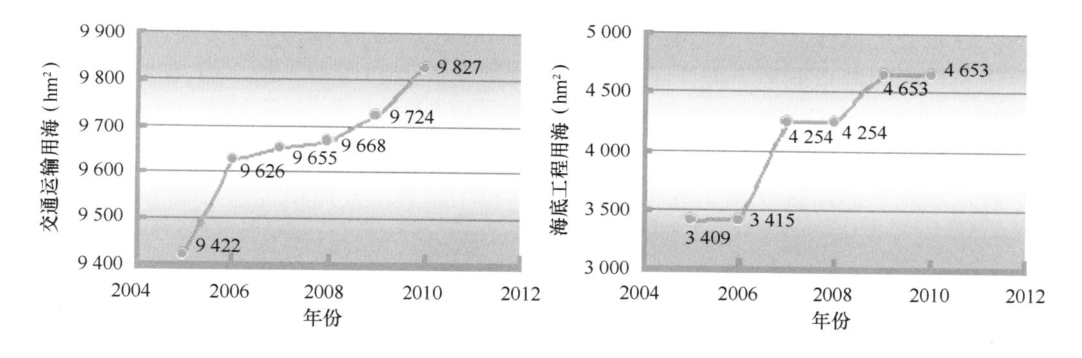

图4.19 2005—2010年上海市各主要用海类型已确权面积变化趋势

4.6.3 海域开发利用特点和问题分析

上海市位于我国大陆海岸线中部，长江入海口和东海交汇处，海陆交通便利，内陆腹地广阔，在已确权发证的用海中，交通运输用海占较大比重。上海市海域开发利用已形成以交通运输用海为主导的用海结构。近年来，上海市海洋经济总量持续增长，海洋产业结构不断优化，对国民经济贡献加大。但海域的开发利用还存在一些不科学和不合理的地方，还有一些矛盾及问题有待解决。

（1）海域开发利用与社会经济发展要求矛盾突出。上海陆域空间小，人口密度高，产业集聚，资源和环境承载力面临巨大压力。随着上海人口规模持续增长和城市建设用地紧缺矛盾日益突出，海洋是支撑上海可持续发展的重要空间资源，适度开发河口海岸带滩涂资源，保持湿地动态平衡，是拓展城市发展空间、缓解土地资源紧缺、支撑城市可持续发展的重要途径。

（2）陆源入海污染严重，海洋环境恶化。上海位于长江流域和太湖流域下游，海域环境受长江来水、沿岸排水的共同影响，入海污染负荷高，海水的无机氮和活性磷酸盐含量超标，海域生态系统呈亚健康状态，海洋生物多样性较差，水体富营养化较严重。

（3）加强海域管理，提高海洋管理能力。上海海域面积小，海岸线短，岸线利用率高，海洋资源相对缺乏，用海需求矛盾较大。迫切需要进一步完善海洋功能区划体系，建立以海洋基本功能区为核心的海域使用管理和海洋环境保护制度。更加集约高效利用港口、岸线和海域资源，切实保护海洋环境，走资源节约型、环境友好型发展道路。

4.7 浙江省海域的开发利用

4.7.1 海域使用现状和结构分析

浙江省海域包括长江口—杭州湾海域（部分）、舟山群岛海域、浙中南海域3个重点海域。主要功能为港口航运、海洋工程、旅游、渔业资源利用和养护、海洋保护等。截至2010年底，浙江省管辖海域的已确权海域使用面积为133 074 hm^2，发放海域使用证书3 547本。浙江省的主要用海类型为渔业用海、海底工程用海、交通运输用海、工业用海、造地工程用海和其他用海（图4.20）。浙江省确权用海数量及面积统计见表4.15。

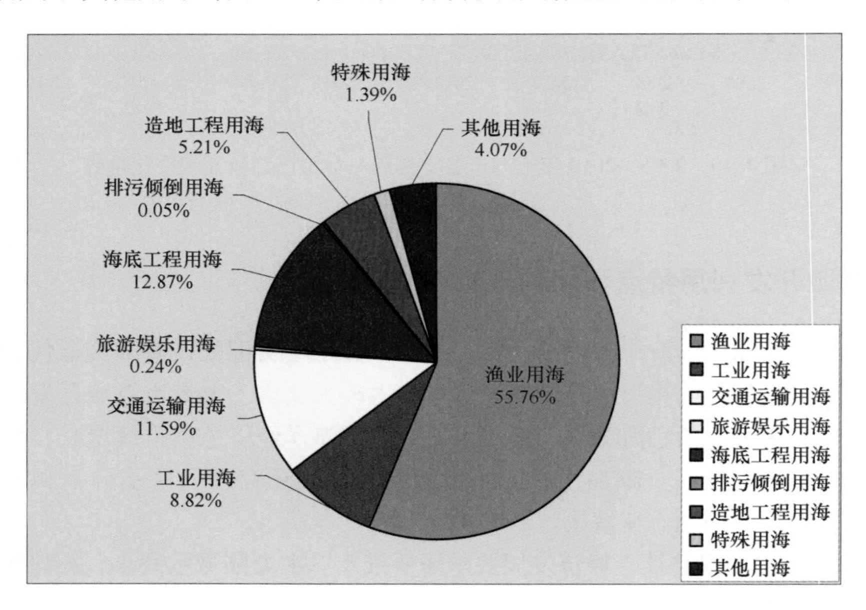

图4.20 浙江省管辖海域海域使用结构

表 4.15　浙江省确权用海数量及面积统计

用海类型	用海数量（宗）	用海面积（hm^2）	所占比例（%）
渔业用海	981	74 199	55.76
工业用海	764	11 732	8.82
交通运输用海	1 122	15 421	11.59
旅游娱乐用海	40	323	0.24
海底工程用海	138	17 126	12.87
排污倾倒用海	10	68	0.05
造地工程用海	327	6 933	5.21
特殊用海	93	1 855	1.39
其他用海	72	5 417	4.07
合计	3 547	133 074	100

4.7.2　海域使用的年度变化

截至2005年底，浙江省已确权海域面积为82 262 hm^2，截至2010年底，浙江省管辖海域的已确权海域面积达到133 074 hm^2，增长了61.77%。2005—2010年浙江省主要用海类型累计确权面积变化趋势如表4.16。

表 4.16　2005—2010年浙江省主要用海类型累计确权面积变化趋势　单位：hm^2

用海类型	2005年	2006年	2007年	2008年	2009年	2010年
渔业用海	42 168	47 423	58 115	65 085	73 353	74 199
工业用海	4 089	4 767	5 064	6 317	9 223	11 732
交通运输用海	11 995	13 211	13 715	13 971	14 591	15 421
旅游娱乐用海	264	277	283	305	307	323
海底工程用海	17 083	17 088	17 093	17 105	17 110	17 126
排污倾倒用海	59	59	60	60	60	68
造地工程用海	838	1 461	3 426	6 484	6 501	6 933
特殊用海	557	735	1 742	1 766	1 820	1 855
其他用海	5 208	5 209	5 213	5 235	5 235	5 417
合计	82 262	90 231	104 711	116 327	128 201	133 074

由表4.16可以看出，2005—2010年，浙江海域用海总面积由82 262 hm^2 增加到133 074 hm^2。其中渔业用海增加最快，由2005年的42 168 hm^2 增加到2010年的74 199 hm^2，2006—2009年增加明显，2009—2010年保持平稳；其次是造地工程用海，由2005年的838 hm^2 增加到2010年的6 933 hm^2，2006—2008年增加明显；工业用海由2005年的4 089 hm^2 增加到2010年的11 732 hm^2；交通运输用海由2005年的11 995 hm^2 增加到2010年的15 421 hm^2（图4.21）。浙江省各主要用海类型已确权面积变化趋势如图4.22。

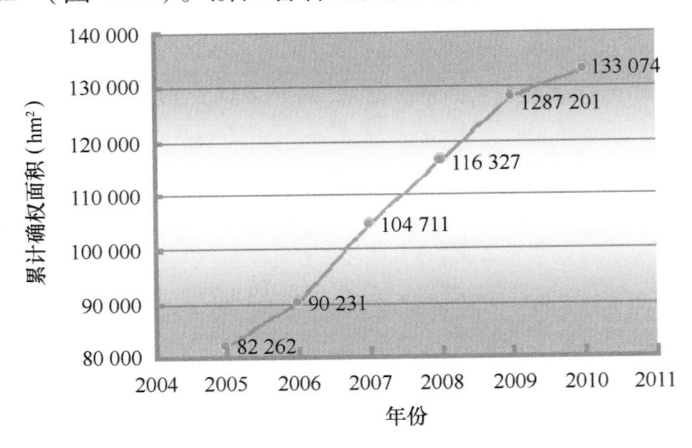

图4.21 浙江省2005—2010年海域使用现状面积走势

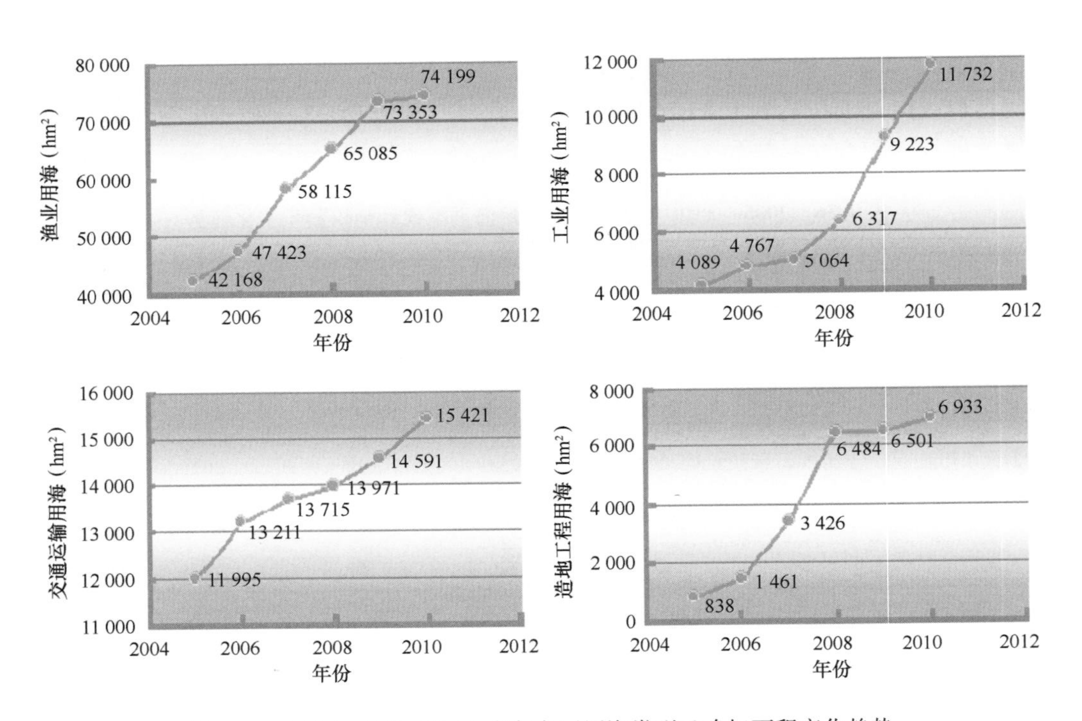

图4.22 2005—2010年浙江省各主要用海类型已确权面积变化趋势

4.7.3 海域开发利用特点和问题分析

随着沿海工业的快速发展，尤其是沿海港口和临海工业建设用地、城市发展用地的需求巨大，填海活动逐年增多，浙江省海域的开发利用存在一些不科学的地方，还有一些矛盾及问题有待解决。

（1）部分港口基础建设落后，岸线资源利用不合理。全省除少数几个主枢纽港外，普遍存在着码头泊位分散、规模小，未按专业化、规模化的要求来规划布局，进港航道水深不足，港区相应配套和集疏运系统不完善，港口服务功能单一等问题。同时部分用海单位、用海企业进行港口码头建设时未考虑总体产业布局，布局凌乱，岸线资源利用效率低下。

（2）海域开发利用与社会经济发展要求矛盾突出。大量围填海开发活动已严重超出了海岸和近岸海域的资源环境承载力。但随着社会经济的高速发展，在当前港口、石化、船舶等大型临港产业不断向海聚集的新形势下，现有海岸和近岸海域空间已经难以满足新增建设用海的需求，很难保障国家及地区发展战略的有效实施。同时由于发展空间的约束，建设用海与其他行业用海的矛盾愈发突出，对海域资源的可持续开发利用构成了严重威胁。

（3）违法用海情况依然存在。未依法律法规规定程序办理相关用海手续即开始用海，以及未按审批用海方式、面积进行建设，均可能对周围海洋环境、资源带来影响，更可能占用周边开发活动的用海空间，侵犯周边用海者的正当权益，对周边海洋开发活动造成影响。

4.8 福建省海域的开发利用

4.8.1 海域使用现状和结构分析

福建省位于我国台湾海峡西岸，战略位置非常重要，在全国海洋功能区划中，包括闽东海域、闽中海域、闽南海域 3 个重点海域。主要功能为渔业资源利用和养护、港口航运、旅游、海洋保护等。

截至 2010 年底，福建省管辖海域的已确权海域使用面积为 170 918 hm^2，发放海域使用权证 12 610 本。主要的用海类型为渔业用海、工业用海、交通运输用海和造地工程用海。福建省确权用海数量及面积统计，见图 4. 23 及表 4. 17。

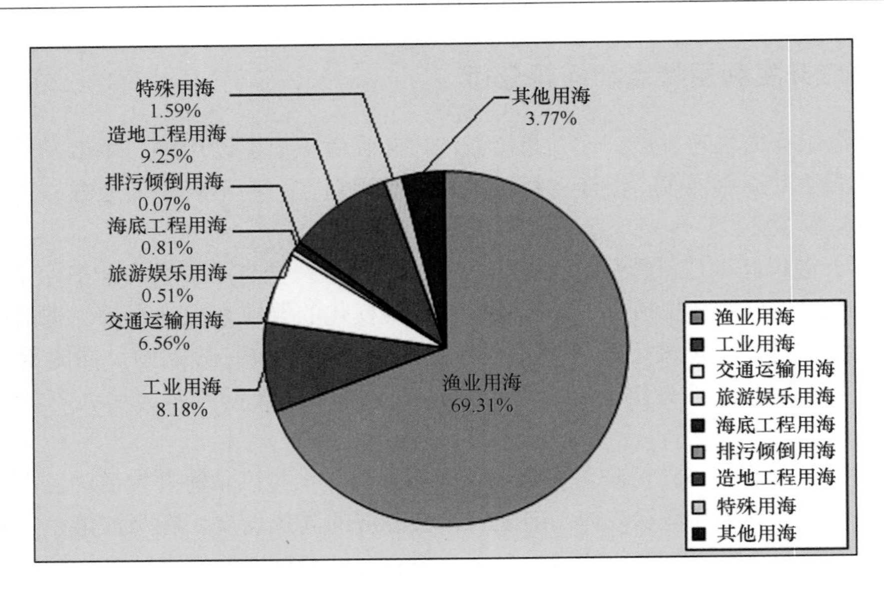

图 4.23 福建省管辖海域海域使用结构

表 4.17 福建省确权用海数量及面积统计

用海类型	用海数量（宗）	用海面积（hm^2）	所占比例（%）
渔业用海	11 257	118 458	69.31
工业用海	348	13 893	8.13
交通运输用海	506	11 208	6.56
旅游娱乐用海	33	876	0.51
海底工程用海	46	1 389	0.81
排污倾倒用海	8	121	0.07
造地工程用海	314	15 809	9.25
特殊用海	24	2 714	1.59
其他用海	74	6 450	3.77
合计	12 610	170 918	100

4.8.2 海域使用的年度变化

截至2005年底，福建省已确权海域面积为103 369 hm^2，截至2010年底，福建省管辖海域的已确权海域面积达到170 918 hm^2，增长了65.35%。2005—2010年福建省主要用海类型累计确权面积变化趋势见表4.18。

表 4.18　2005—2010 年福建省主要用海类型累计确权面积变化趋势　单位：hm^2

用海类型	2005 年	2006 年	2007 年	2008 年	2009 年	2010 年
渔业用海	74 251	77 563	97 585	111 042	115 798	118 458
工业用海	10 105	10 250	10 512	11 335	12 472	13 893
交通运输用海	4 896	6 516	7 385	9 448	10 382	11 208
旅游娱乐用海	543	739	740	803	826	876
海底工程用海	964	1 228	1 228	1 228	1 368	1 389
排污倾倒用海	60	96	96	121	121	121
造地工程用海	8 943	11 193	13 143	14 251	15 567	15 809
特殊用海	2 617	2 711	2 714	2 714	2 714	2 714
其他用海	990	4 077	4 082	4 525	5 132	6 450
合计	103 369	114 372	137 484	155 468	164 380	170 918

福建省主要用海类型为渔业用海、工业用海、交通运输用海和造地工程用海。从表 4.18 可以看出，相比 2005 年，增长最多的为渔业用海，由 2005 年的 74 251 hm^2 增加到 2010 年的 118 458 hm^2，增长了 59.54%；其次，工业用海、交通运输用海和造地工程用海也有明显增加，均增长了 1 倍以上（图 4.24）。福建省各主要用海类型已确权面积变化趋势见图 4.25。

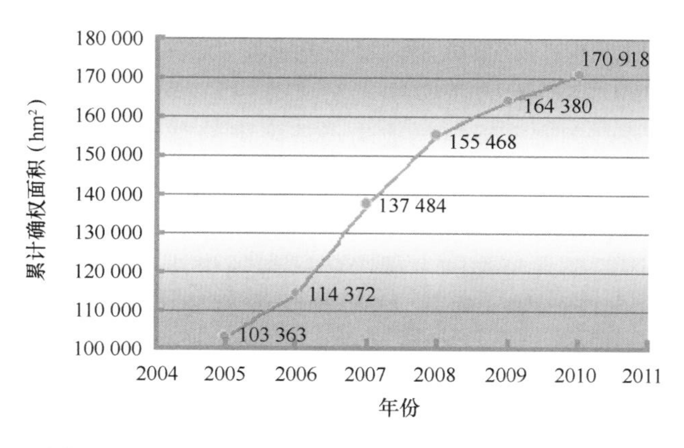

图 4.24　2005—2010 年福建省海域使用现状面积走势

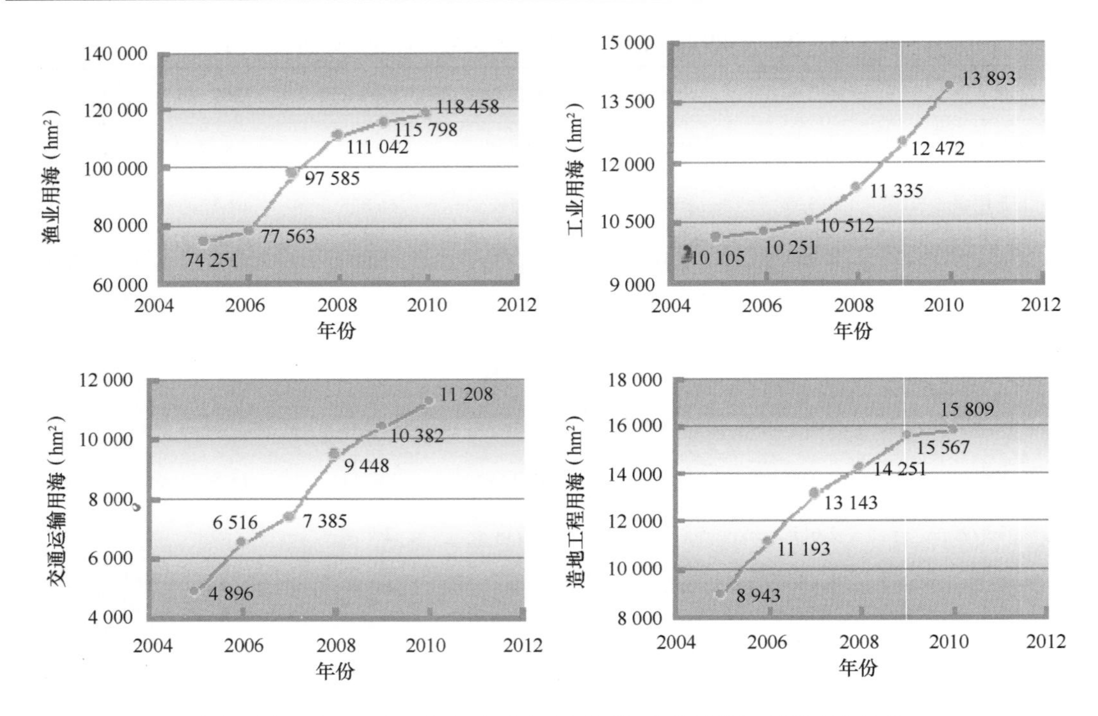

图 4.25　2005—2010 年福建省各主要用海类型已确权面积变化趋势

4.8.3　海域开发利用特点和问题分析

4.8.3.1　海洋产业基础设施落后，尤其是港口建设不足

福建省海岸曲折、岛屿众多、陆路交通不便的特点，以及海洋经济总量和港口发展的历史决定了福建港口规模小、布点多、布局分散。现除福州、厦门两港外，全省沿海中小港点众多，在 3 000 多千米的海岸线上分布了 45 个港点和港区。因此，福建虽然是海洋大省，却不是港口大省，港口已成为经济发展的制约因素。主要表现在港口基础设施吞吐量小，吞吐量总体规模在全国沿海各省市中倒数第三，仅高于广西和海南；港口结构性矛盾突出，深水泊位严重缺乏，全省 88% 的码头泊位是万吨级以下的中小泊位，难以适应国际航运船舶大型化的发展趋势，与福建外经贸大省地位极不相符；与全国沿海先进港口相比，厦门、福州两港外贸货物吞吐量、集装箱进出口量总量仍然偏少，如集装箱进出口量分别仅为上海、深圳港的 1/5 和 1/20 左右，难以适应海峡西岸经济区发展需要。

4.8.3.2　海洋产业链短，关联度低，轻型化特征明显，海洋经济发展不平衡

海洋资源开发仍以传统产业为主，新兴产业在海洋经济中的比重较低，海洋产业结构不够合理，有待于进一步优化。从整体上看，福建海洋产业仍处于传统、粗放型开发为主的初级阶段，产业发展不够协调，质量和水平较低。海洋产业中有竞争力的海洋特色产业、龙头企业不多，海洋能源开发与海水综合利用尚未形成规模。海洋经济缺乏规模的海

洋特色产业、龙头企业和名牌产品。2008年仅19家水产加工企业产品通过省名牌产品评定委认定，14件水产品获得省著名商标认定。

4.8.3.3 海洋资源开发的科技含量不高，开发的深度不够

由于缺乏有效的组织协调，政策措施不能及时到位，海洋科研与产业未能形成有效合作机制，海洋科技成果产业化程度偏低，海洋高新技术产业发展缓慢，科技对海洋发展的贡献率较低。就海洋渔业的品牌而言，全省产业品种单一，多属初级产品，精深加工名牌产品少，科技含量较低，市场竞争力较弱，形不成产业的优势。由于科技滞后于生产、养殖技术，品种的储备不足，结构调整相对缓慢，产品出口受“绿色壁垒”制约的风险加大。目前福建海洋能源开采和海洋原油开采还是一个空白；对海底资源，包括近海油气等资源的勘探工作还没有大的突破，更谈不上开发和利用。

4.8.3.4 海洋环境污染问题仍较突出，海洋环境保护与资源开发需求存在较大矛盾

福建省海洋环境保护方面面临的主要问题有：①海域总体污染趋势尚未得到有效控制，一些地方存在工业废水和生活污水超标排放的现象较为普遍，局部海区水体呈富营养化趋势。②局部海域湿地遭到不同程度的破坏，海洋生态环境压力增大。例如，各种方式的滩涂养殖、临海工业区及排污口建设等，都在大量占用沿海滩涂湿地。③海洋灾害影响严重，防灾减灾能力较为薄弱，服务保障体系不够健全。福建是海洋灾害的高发区，近年来，台风、风暴潮、赤潮、海岸侵蚀等自然灾害发生频繁，但海洋防灾减灾能力较低，灾害防御应急系统滞后，海洋减灾工程性和非工程性建设不能满足海洋经济发展的需要，给福建造成重大损失。④对溢油、危险品泄漏污染事故防范形势严峻，海上突发事件应急救助、海洋灾害预警监控等公共服务体系薄弱。⑤海洋环境预报监测体系和海洋信息系统有待健全完善。⑥海洋环境保护综合管理和协调机制有待完善，各自为政、无序开发的状况仍然存在。

4.9 广东省海域的开发利用

4.9.1 海域使用现状和结构分析

广东省海域包括粤东海域、珠江口及毗邻海域、粤西海域3个重点功能区。主要功能为港口航运、旅游、渔业资源利用和养护、矿产资源利用、海洋保护等。

截至2010年底，广东省管辖海域的已确权海域使用面积为116 817 hm^2，发放海域使用权证6 967本。其中，渔业用海、交通运输用海、海底工程用海以及造地工程用海构成了广东省海域使用的主体，约占总用海面积的93.04%。广东省确权用海数量及面积统计，见图4.26及表4.19。

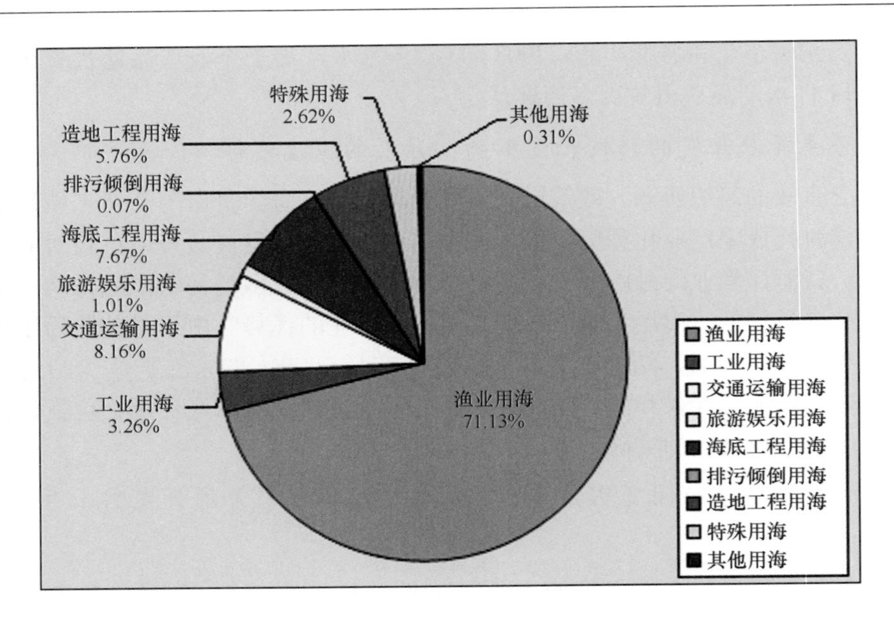

图 4.26 广东省管辖海域海域使用结构

表 4.19 广东省确权用海数量及面积统计

用海类型	用海数量（宗）	用海面积（hm^2）	所占比例（%）
渔业用海	6 266	83 091	71.13
工业用海	82	3 808	3.26
交通运输用海	347	9 538	8.16
旅游娱乐用海	77	1 175	1.01
海底工程用海	47	8 965	7.67
排污倾倒用海	6	86	0.07
造地工程用海	89	6 732	5.76
特殊用海	28	3 062	2.62
其他用海	25	360	0.31
合计	6 967	116 817	100

4.9.2 海域使用的年度变化

截至 2005 年底，广东省的已确权海域面积为 61 810 hm^2，截至 2010 年底，广东省管辖海域的已确权海域使用面积达到 116 817 hm^2，增加了约 1 倍。2005—2010 年广东省主要用海类型累计确权面积变化趋势见表 4.20。

表 4.20 2005—2010 年广东省确权用海数量及面积统计

用海类型	2005 年	2006 年	2007 年	2008 年	2009 年	2010 年
渔业用海	39 380	46 673	62 113	69 305	78 082	83 091
工业用海	1 088	1 180	1 560	1 963	2 779	3 808
交通运输用海	6 304	6 662	7 709	8 504	8 971	9 538
旅游娱乐用海	702	883	927	985	1 017	1 175
海底工程用海	8 492	8 495	8 546	8 965	8 965	8 965
排污倾倒用海	0	0	86	86	86	86
造地工程用海	5 566	5 677	6 203	6 722	6 732	6 732
特殊用海	263	1 803	3 061	3 061	3 061	3 061
其他用海	13	21	71	357	360	360
合计	61 810	71 395	90 276	99 950	110 054	116 817

广东省主要用海类型累计确权面积逐年稳步增长，相比 2005 年，增长最多的为渔业用海，由 2005 年的 39 380 hm^2 增加到 2010 年的 83 091 hm^2；其次为交通运输用海，由 2005 年的 6 304 hm^2 增加到 2010 年的 9 538 hm^2，相比 2005 年增长了 51.30%；工业用海由 2005 年的 1 088 hm^2 增加到 2010 年的 3 808 hm^2，2008—2010 年增长明显；造地工程用海增长了 20.95%，但趋势趋于平稳，2007 年后无新增造地工程用海（图 4.27）。各主要用海类型已确权面积变化趋势见图 4.28。

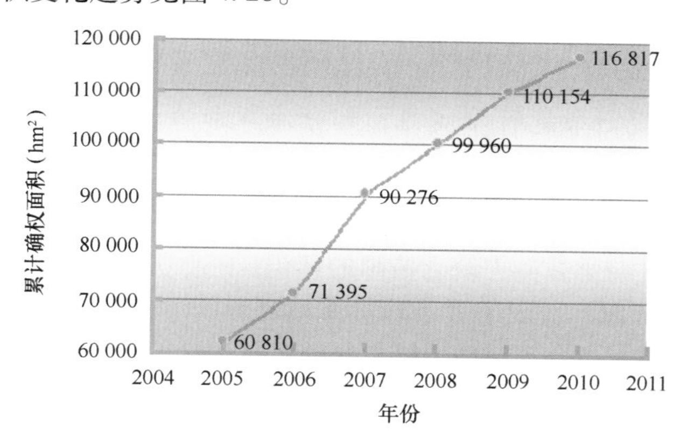

图 4.27 广东省 2005—2010 年海域使用现状面积走势

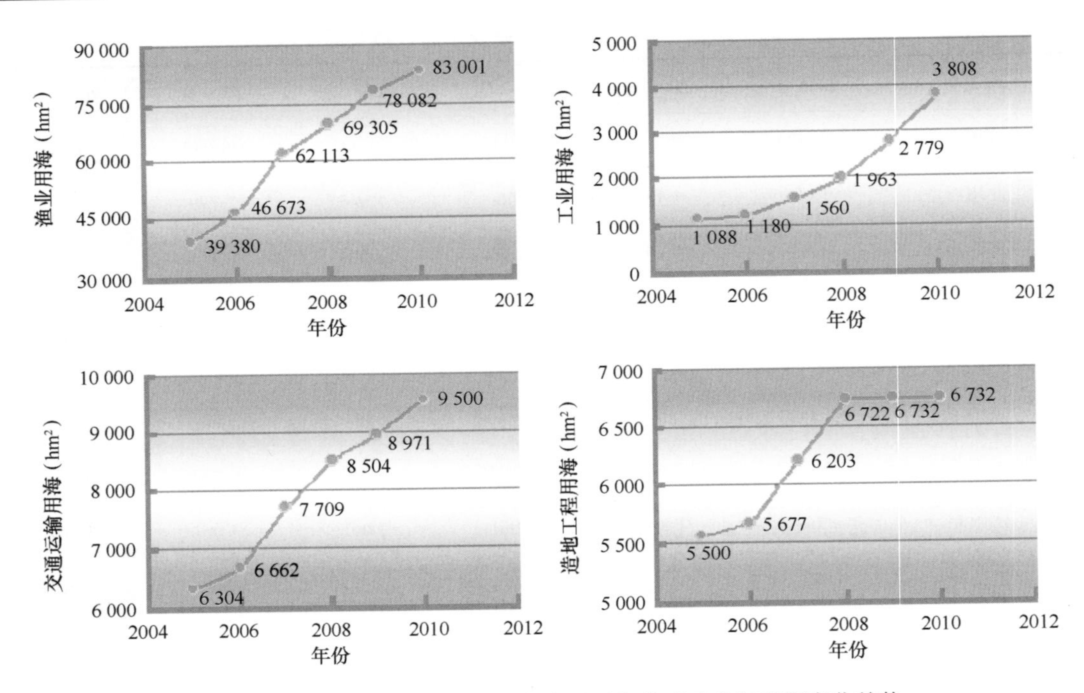

图 4.28 2005—2010 年广东省各主要用海类型已确权面积变化趋势

4.9.3 海域开发利用特点和问题分析

随着《海域使用管理法》的颁布实施，广东省的海域使用管理进入了新的阶段，海域使用逐步规范，海域管理得到加强。海域管理由原来的乱围、乱填、“无序、无度、无偿”逐渐走向依法审批、有偿使用的阶段，海域开发也逐步得到规范和合理利用。但随着沿海工业的快速发展，尤其是沿海港口和临海工业建设用地、城市发展用地的需求巨大，填海活动逐年增多，广东省海域的开发利用存在一些不科学及不合理的地方，还有一些矛盾及问题有待解决。

4.9.3.1 涉海相关规划未能科学实施，部分海岸和海域资源浪费严重

目前虽然已出台不少相关的涉海规划，对海岸和海域资源的开发已提出相应的指导措施，但由于缺乏科学的实施与监管，社会舆论引导也不足，导致部分用海企业和用海个人对海岸的资源环境特性与承载能力缺乏清晰的认识，一些海岸和近岸海域资源盲目开发，随意占用稀缺的岸线资源，造成了大量珍贵海域资源的浪费和破坏。这些高密度、低效能、粗放式的用海方式，造成了海域主体功能得不到合理开发，资源得不到合理开发和保护，严重影响了海域的资源环境健康。

4.9.3.2 部分港口基础设施落后，岸线资源利用不合理

全省港口除少数的几个主枢纽港外，普遍存在着码头泊位分散、规模小，未按专业化、规模化的要求来规划布局，进港航道水深不足，港区相应配套集疏运系统不完善，港口服务功能单一等问题。同时，部分用海单位、用海企业进行港口码头建设时未考虑总体产业布局，随意布设，导致布局凌乱，岸线资源利用效率低下。

4.9.3.3 海域开发利用与社会经济发展要求矛盾突出

大量围填海开发活动已严重超出了海岸和近岸海域的资源环境承载力。但随着社会经济的高速发展，在当前港口、钢铁、石化、造船等大型临港工业不断向海聚集的新形势下，现有海岸和近岸海域空间已经难以满足新增建设用海的需求，很难保障国家及地区发展战略的有效实施。同时由于发展空间的约束，建设用海与其他行业用海的矛盾愈发突出，对海域资源的可持续开发利用构成了严重威胁。

4.9.3.4 违法用海情况依然存在，也是广东省目前海域开发利用面临的问题之一

未依法律法规规定程序办理相关用海手续即开始用海，以及未按审批的用海方式、面积进行建设，均可能对周围海洋环境、资源带来影响，更可能占用周边海洋开发活动的用海空间，影响周边用海者的正当权益，对周边海洋开发活动的影响更是明显。

4.10 广西壮族自治区海域的开发利用

4.10.1 海域使用现状和结构分析

广西壮族自治区海域包括铁山港—廉州湾海域、钦州湾—珍珠港海域两个重点海域。主要功能为港口航运、渔业资源利用和养护、旅游、海洋保护等。

截至2010年底，广西壮族自治区管辖海域的已确权海域使用面积为23 764 hm^2，发放海域使用权证3 374本。广西壮族自治区的海域使用类型仍以传统的渔业用海为主，但港口用海和滨海旅游用海迅速增加，临海工业以及工程用海越来越多，广西壮族自治区海洋产业正在逐步调整优化。广西壮族自治区的确权用海数量及面积统计，如图4.29及表4.21。

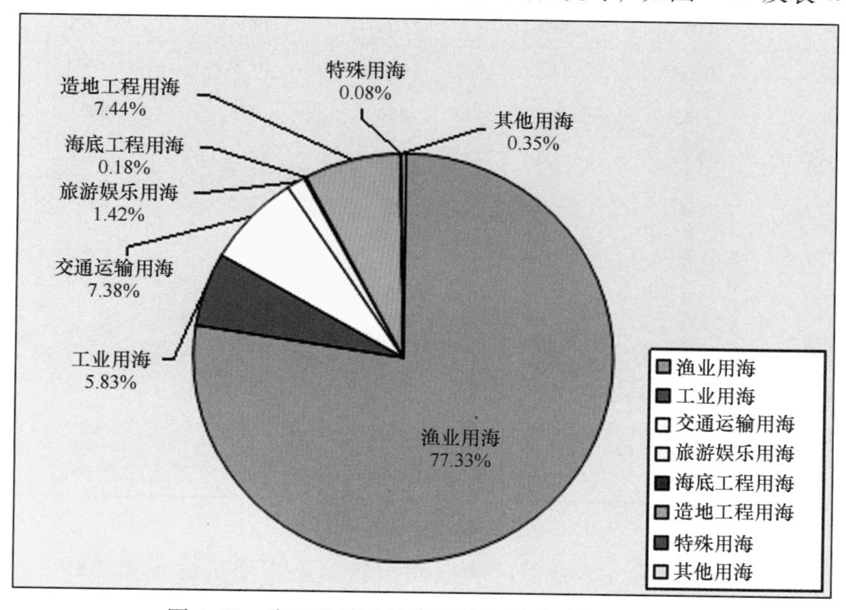

图4.29 广西壮族自治区管辖海域海域使用结构

表 4.21 广西壮族自治区确权用海数量及面积统计

用海类型	用海数量（宗）	用海面积（hm^2）	所占比例（%）
渔业用海	3 175	18 376	77.33
工业用海	38	1 385	5.83
交通运输用海	92	1 754	7.38
旅游娱乐用海	15	338	1.42
海底工程用海	3	42	0.18
排污倾倒用海	0	0	0
造地工程用海	46	1 767	7.44
特殊用海	3	19	0.08
其他用海	2	83	0.35
合计	3 374	23 764	100

4.10.2 海域使用的年度变化

截至2005年底，广西壮族自治区的已确权海域面积为11 910 hm^2，截至2010年底，广西壮族自治区管辖海域的已确权海域使用面积达到23 764 hm^2，增加了1倍。2005—2010年主要用海类型累计确权面积变化趋势如表4.22。

表 4.22 2005—2010年广西壮族自治区各年度确权用海数量及面积统计

用海类型	2005年	2006年	2007年	2008年	2009年	2010年
渔业用海	10 311	11 216	14 893	16 239	17 400	18 376
工业用海	443	487	520	534	807	1 385
交通运输用海	633	746	846	865	1 263	1 754
旅游娱乐用海	65	65	89	225	231	338
海底工程用海	8	8	8	8	42	42
排污倾倒用海	0	0	0	0	0	0
造地工程用海	360	625	1 046	1 317	1 767	1 767
特殊用海	7	7	7	7	7	19
其他用海	83	83	83	83	83	83
合计	11 910	13 238	17 493	19 277	21 601	23 764

广西壮族自治区主要用海类型累计确权面积逐年稳步增长，相比2005年，增长最多的为渔业用海，由2005年的10 311 hm^2增加到2010年的18 376 hm^2；其次为造地工程用

海，由2005年的360 hm^2 增加到2010年的1 767 hm^2，但趋势趋于平稳，2010年无新增造地工程用海；交通用海由2005年的633 hm^2 增加到2010年的1 754 hm^2，2008年至2010年增长明显；工业用海由2005年的443 hm^2 增加到2010年的1 385 hm^2，2009年至2010年增长明显（图4.30）。2005—2010年各主要用海类型已确权面积变化趋势如图4.31。

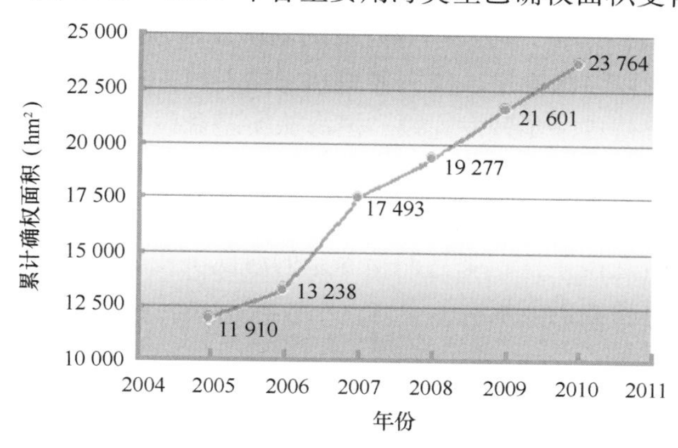

图4.30　广西壮族自治区2005—2010年海域使用现状面积走势

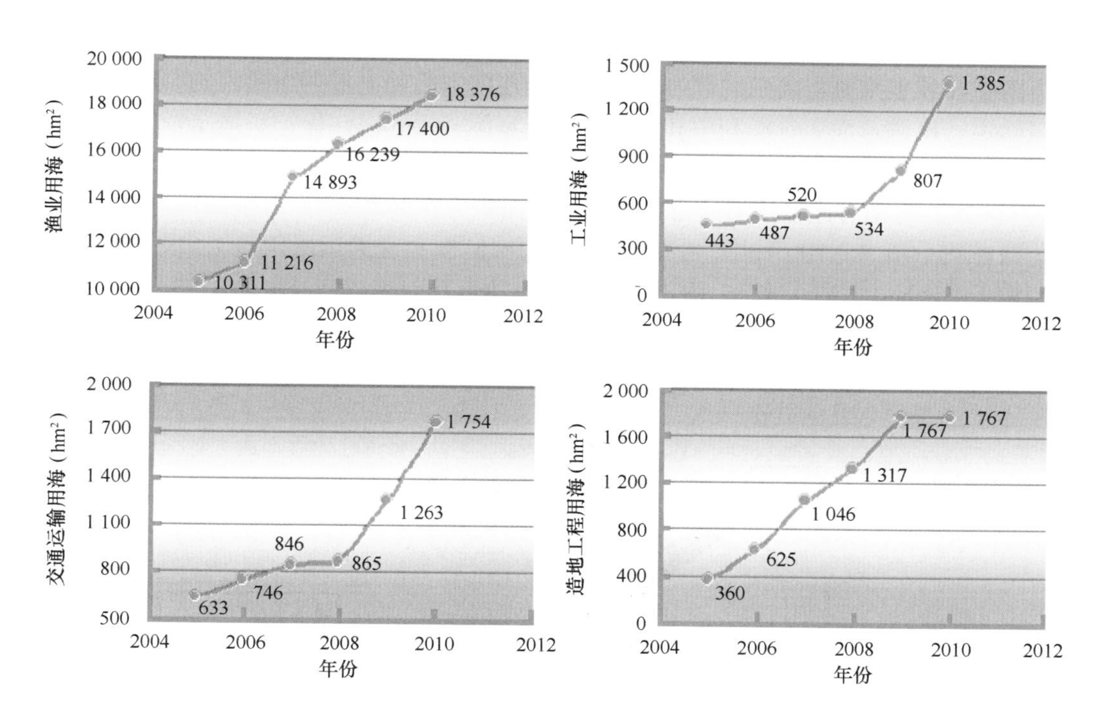

图4.31　2005—2010年广西壮族自治区各主要用海类型已确权面积变化趋势

4.10.3　海域开发利用特点和问题分析

与全国其他沿海省的海洋经济相比，目前广西壮族自治区海洋经济仍处于自我发展状态和初步发展阶段，海域使用中存在的问题仍然比较突出。主要表现在：

（1）传统的海洋渔业用海占主要部分，海域使用结构不够合理，有待调整以适应海洋产业结构调整需求。海洋经济主要以传统的海洋捕捞业和海洋养殖业为主，海洋新兴产业处于起步阶段，滨海旅游、海洋港口海运和临港工业的发展优势尚未得到有效发挥。

（2）海洋经济发展投入少，海洋产业发展的基础设施和技术装备比较落后，科技水平总体偏低。海洋养殖业以滩涂养殖、浅海养殖和围塘养殖为主；渔港大多比较简易；港口基础设施和技术装备有待进一步开发建设；滨海旅游基础设施也有待进一步开发建设。

（3）海域使用的空间布局不够合理，海域使用区域大多在近海港湾，与其广阔的海域不相称。特别是水产养殖，在有限的港湾内滩涂养殖、围塘养殖、筏式养殖和网箱养殖高度集中，严重影响水流交换条件，来自网箱养殖的海底沉积物质量逐步恶化，鱼病日趋频繁，严重制约了网箱养殖业的发展。

4.11 海南省海域的开发利用

4.11.1 海域使用现状和结构分析

海南省海域包括海南岛东北部海域、海南岛西南部毗邻海域两个重点海域。主要功能为港口航运、旅游、渔业资源利用和养护、矿产资源利用、海洋保护、海水资源利用等。

截至2010年底，海南省管辖海域的已确权海域使用面积为12 451 hm^2，发放海域使用权证3 714本。海南省渔业用海所占比例最大，面积为6 562 hm^2，占全部用海的52.7%；其次为旅游娱乐用海2 100 hm^2，占全部用海的16.87%；交通运输用海1 579 hm^2和造地工程用海1 412 hm^2（图4.32）。海南省确权用海数量及面积统计，见表4.23。

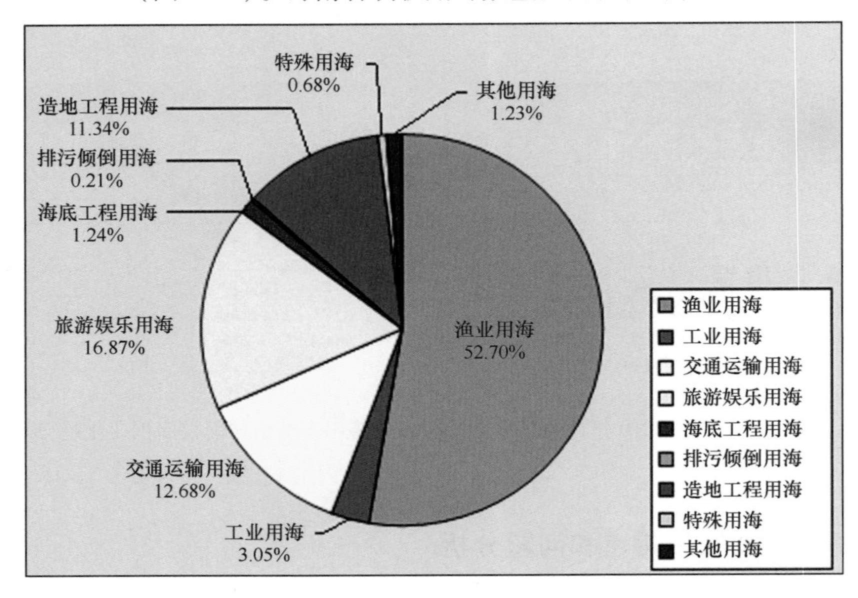

图4.32 海南省管辖海域海域使用结构

表 4.23 海南省确权用海数量及面积统计

用海类型	用海数量（宗）	用海面积（hm^2）	所占比例（%）
渔业用海	3 432	6 562	52.70
工业用海	20	380	3.05
交通运输用海	63	1 579	12.68
旅游娱乐用海	149	2 100	16.87
海底工程用海	7	154	1.24
排污倾倒用海	3	26	0.21
造地工程用海	22	1 412	11.34
特殊用海	14	85	0.68
其他用海	4	153	1.23
合计	3 714	12 451	100

4.11.2 海域使用的年度变化

截至2005年底，海南省已确权海域面积为5 311 hm^2，截至2010年底，海南省管辖海域的已确权海域使用面积达到12 451 hm^2。2005—2010年主要用海类型累计确权面积变化趋势如表4.24。

表 4.24 2005—2010 年海南省确权用海数量及面积统计

用海类型	2005 年	2006 年	2007 年	2008 年	2009 年	2010 年
渔业用海	2 660	3 685	4 293	5 717	6 095	6 562
工业用海	130	130	130	164	190	380
交通运输用海	720	757	1 034	1 097	1 574	1 579
旅游娱乐用海	574	662	819	1 004	1 482	2 100
海底工程用海	154	154	154	154	154	154
排污倾倒用海	0	0	0	0	10	26
造地工程用海	1 038	1 042	1 248	1 366	1 412	1 412
特殊用海	30	30	30	30	42	85
其他用海	4	124	124	153	153	153
合计	5 311	6 585	7 834	9 685	11 112	12 451

从表4.24可以看出，相比2005年，增长最多的为渔业用海，由2005年的2 660 hm^{2}增加到2010年的6 562 hm^2；其次为旅游娱乐用海，由2005年的574 hm^{2}增加到2010年的2 100 hm^2，2008年至2010年增长明显；交通用海由2005年的720 hm^{2}增加到2010年的1 579 hm^2，2007年至2009年增长明显，但2009年之后趋于平稳；造地工程用海由2005年的1 038 hm^{2}增加到2010年的1 412 hm^2，增长了36.03%（图4.33）。各主要用海类型已确权面积变化趋势如图4.34。

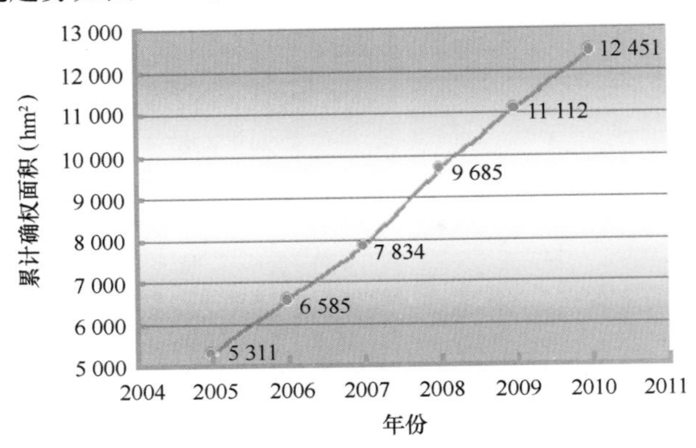

图4.33 海南省2005—2010年海域使用现状面积走势

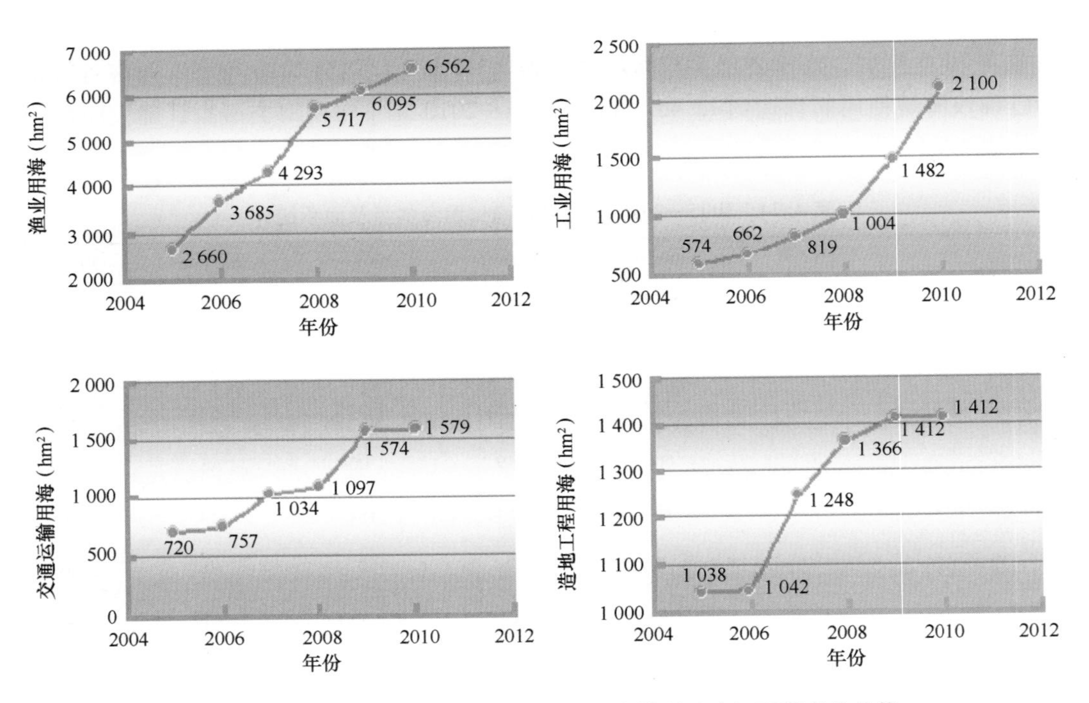

图4.34 2005—2010年海南省各主要用海类型已确权面积变化趋势

4.11.3 海域开发利用特点和问题分析

4.11.3.1 渔业用海总数多，分布集中

渔业用海是目前海南省海域开发利用的主要类型，也是用海总数最多的用海类型。大部分为个体养殖用海，平均每宗渔业用海面积较小，仅为1.4 hm^2。渔业用海主要集中分布于各市县入海河口和潟湖港湾两侧，较集中分布于海口市的东寨港，文昌市的铺前港湾、八门湾和高隆湾，万宁市的老爷海，陵水的黎安湾和新村湾，三亚市铁沪湾和宁远河入海口、乐东县望楼河口、儋州市新英湾、临高县后水湾、澄迈县马袅湾和边湾。

4.11.3.2 旅游娱乐用海分布不均

海南省旅游娱乐用海数量仅次于渔业用海，旅游娱乐用海主要为海上娱乐用海，其次为旅游基础设施用海和海水浴场。基本分布在海南岛东南海岸，以三亚市和海口市为主。从目前旅游娱乐用海现状来看，表现出严重的布局不均匀。随着海南国际旅游岛的建设，为沿海市县滨海旅游开发提供了新的发展机遇，今后旅游娱乐用海需求会进一步提高，进而可调整目前海南省旅游娱乐用海分布不均的情况。

4.11.3.3 工业用海总数少，分布范围小

海南省工业用海总数较少，主要为盐场用海和少量工矿运输工业用海，分布范围较小。目前仅临高县、澄迈县、儋州市和文昌市4个市县分布有工业用海。

4.11.3.4 岸线开发利用率低，开发方式粗放

目前，海南省海域开发利用岸线约412 km，仅占全省海岸线长度的22.5%。海南省岸线开发方式较为粗放，海域开发利用的海岸线中87.93%的海岸线开发利用方式为渔业用海，且大多数为个体养殖户申请的海水养殖用海，渔业基础设施仅为极少部分。

4.11.3.5 海域开发利用面积小

目前海南省总共审批确权用海面积12 451 hm^2。海南本岛毗邻海域的内海面积，即领海基线向陆一侧的海域面积为10 206.47 km^2。海南海域开发利用的总面积仅为海南本岛毗邻海域内海面积的1.22%，海域开发利用程度还非常低。另外，海南海域开发利用单宗用海面积也非常小，单宗用海平均面积仅为2.4 hm^2，且大部分为个体养殖户养殖用海，海南海域开发利用还存在较大的发展潜力。

4.12 公共海域的开发利用

包括渤海中部海域、黄海重要资源开发利用区、东海重要资源开发利用区、西沙群岛海域、南沙群岛海域、南海重要资源开发利用区6个重点海域，海洋开发利用程度较低。

渤海中部海域的主要功能为矿产资源利用和渔业资源利用，海域使用活动主要为油气开采和海水增养殖；黄海重要资源开发利用区的主要功能为渔业资源利用和养护、矿产资源利用，主要的用海活动为捕捞和油气开采；东海重要资源开发利用区的主要功能为矿产

资源利用和渔业资源利用，主要的用海活动为东海油气资源开采、渔业增养殖、捕捞及海洋保护；西沙群岛海域的主要用海活动为海岛生态旅游、海洋捕捞及自然保护区；南沙群岛海域的主要用海活动为海洋捕捞和油气资源开采；南海重要资源开发利用区主要功能为渔业资源利用和养护、矿产资源利用，主要的用海活动为海洋捕捞和油气资源开采。公共海域的主要用海类型为海底工程用海 3 031 hm^2、工矿用海 1 747 hm^2 和旅游娱乐用海 23 hm^2（图 4. 35）。

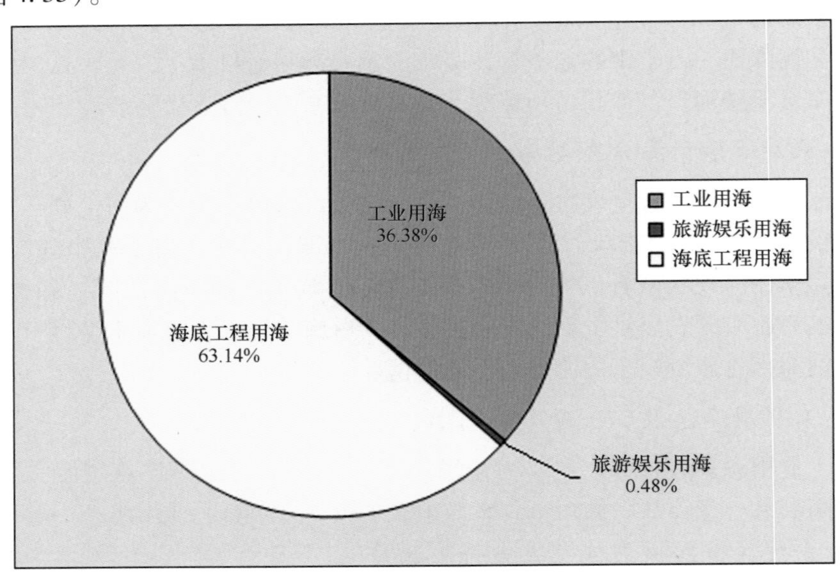

图 4. 35　公共海域海域使用结构

5 海洋功能区划实施效果和存在的问题

5.1 全国海洋功能区划实施效果

2002年以来，国务院先后批准了《全国海洋功能区划》（2002年）、《省级海洋功能区划审批办法》（2003年）及辽宁、山东、广西、海南四省区（2004年），河北、江苏、浙江，福建四省（2006年），广东、天津两省市（2008年）海洋功能区划。全国海洋功能区划实施以来，已经得到各级政府和相关管理部门的广泛认可和有效落实。沿海各级人民政府按照《海域使用管理法》的要求和国务院文件精神，纷纷编制和实施了各地市、县级海洋功能区划，并要求涉海渔业、交通、矿业、电力（包括核电、风电）等行业用海规划编制必须符合海洋功能区划，有效保障了我国海洋事业的健康快速发展，促进了沿海地区国民经济增长和社会进步。

5.1.1 提升了海洋功能区划法律地位

目前，除《海域使用管理法》、《海洋环境保护法》两部法律对海洋功能区划作出规定外，《中华人民共和国港口法》、《中华人民共和国海岛保护法》、《防治海洋工程建设项目污染损害海洋环境管理条例》及沿海11个省（自治区、直辖市）海域使用管理地方法规也对海洋功能区划的地位和作用提出明确规定。依据这些法律法规的相关规定，海洋功能区划已经成为涉海渔业、交通、矿业、电力（包括核电、风电）等行业用海规划和海洋环境保护规划编制的依据，沿海地区土地规划、城乡规划等也要与海洋功能区划衔接。随着海洋功能区划法律地位的确立，全国海洋功能区划已经成为我国最重要的国土空间规划之一，受到了各级政府的高度重视和社会各界的广泛关注，按照区划管海、用海已逐步成为社会各界的共识，并集中体现在以下三个方面。

5.1.1.1 海洋管理部门按照区划审批用海项目的意识不断加强

各级海洋部门在海域使用审批过程中，把项目用海是否符合海洋功能区划作为首要条件进行严格审核，对不符合海洋功能区划的用海项目坚决不予批准，对违背海洋功能区划的用海项目，要求申请人依据海洋功能区划另行选址。例如，山东省海洋与渔业厅因不符合海洋功能区划，要求羊口新港、马兰湾大宇船业、荣成成东船厂、黄岛油库等项目另行选址；浙江省在有关审核用海项目的规定中，明确要求首先对是否符合海洋功能区划进行审查，如符合才要求海域申请者按规定开展论证等前期工作。

5.1.1.2　地方人民政府按照《全国海洋功能区划》的批复要求积极落实

一些地方政府依据《区划》确定的目标，制定了重点海域使用调整计划，明确不符合海洋功能区划的海域使用项目停工、拆除、迁址或关闭的时间表，并提出恢复项目所在海域环境的整治措施。沿海大连、天津、烟台、威海、青岛、日照、连云港、厦门、深圳、珠海等重要城市都依据海洋功能区划，对重点海域不符合海洋功能区划的用海活动进行了整治与修复，拆除了部分不符合海洋功能区划的近岸用海项目，有效维护了海洋功能区划制度的权威性。

5.1.1.3　海域使用者按照区划申请和用海的意识不断增强

很多地方要求政府部门公开海洋功能区划文本和图件，在申请用海，特别是新建海洋工程建设项目之前，投资部门、规划、设计部门等都会依据海洋功能区划进行初步选址。

上一轮全国海洋功能区划是我国第一个全覆盖我国主张管辖海域的海洋空间规划，实现了我国对海洋国土进行宏观规划零的突破，对于规范我国的海域开发、保护和管理都起到了极其重要的作用。《海洋功能区划》制定并实施以来，其法律地位得到了大幅提升，已经成为我国蓝色国土最重要的空间规划；《海洋功能区划》较好地落实了国家海洋管理的目标，积极引导促进各级海洋功能区划制度体系建设，有效地规范了海域使用秩序，体现了海域价值；使海洋功能区划制度深入人心，提高了海洋行政主管部门的影响力，加强了全民海洋意识；在协调行业用海矛盾、规范海域使用秩序、保护海洋生态环境、保障海洋经济可持续发展等方面发挥了重要作用。

5.1.2　切实保障大型项目用海需求，有力促进海洋经济较快发展

通过规范和引导涉海行业规划，统筹安排行业用海，有效解决了海洋资源利用冲突，保障了国家大型项目用海，促进了海洋经济快速、健康发展。2002 年以来，依据海洋功能区划，全国确权海域面积 193.88×10^4 hm^2，发放海域使用权证书 5.67 万本。其中，国家海洋局先后审核通过了首钢搬迁、天津滨海新区、上海大小洋山、杭州湾跨海大桥等 100 多个国家重大建设项目；此外，国家海洋局依据海洋功能区划批准了大连长兴岛、河北曹妃甸、江苏连云港、广东汕头东部城市经济带、广西钦州港、海南洋浦等 30 多个区域建设用海规划和 20 个围垦填海规划，涉及填海面积近 10×10^4 hm^2，从而满足了国家大型项目的用海需求，为国家经济发展提供了有力的支持和发展空间（表 5.1）。

表 5.1　国家海洋局审批区域建设用海规划一览表

名称	省份	总面积（hm^2）	填海面积（hm^2）	规划期限	审批时间
启东市五金机电城	江苏省	259	259		2006-10-12
启东市滨海工业集中区综合配套服务功能区	江苏省	409	409		2006-10-12
吕四港物流中心	江苏省	586	586		2006-11-03
连云港海滨新区	江苏省	2066	1447		2006-12-31

续表

名称	省份	总面积（hm^2）	填海面积（hm^2）	规划期限	审批时间
如东洋口渔港经济区	江苏省	849	849		2007-04-23
莆田市妈祖城	福建省	525.5	525.5		2007-08-15
珠海高栏港经济区	广东省	5031	3406		2007-11-27
广东省江门市新会区银湖湾	广东省	1187	921		2007-11-27
广东省汕头市东部城市经济带	广东省	1885.4	1479		2008-04-30
曹妃甸循环经济示范区近期工程	河北省	12967	10297		2008-09-18
浙江省临海市南洋	浙江省	748	748		2008-09-18
江苏省海门市滨海新区	江苏省	1759.808	1759.808	至2013年	2008-12-26
广西钦州保税港区	广西壮族自治区	1000	1000	至2013年	2009-04-03
沧州渤海新区近期工程	河北省	11721	7457	至2012年	2009-05-26
启东市吕四港经济区	江苏省	1290	993	至2013年	2009-06-25
曹妃甸循环经济示范区中期工程及曹妃甸国际生态城起步区	河北省	16233	10022	至2020年	2009-06-26
海南洋捕港区及邻近海域	海南省	1161.19	767.58	至2015年	2009-07-07
大连长兴岛临港工业区（一期）	辽宁省	3391.82	3391.82		2009-07-07
盘锦船舶工业基地（一期）	辽宁省	984	984	2年	2009-07-07
通州市滨海新区	江苏省	1802.2	1719.16	2012年	2009-11-23
天津临港工业区二期工程	天津市	2686	2686	至2013年	2010-01-05
广东省台山市广海湾临港产业区	广东省	1040.95	1040.95	至2014年	2010-01-22
辽宁省锦州市新能源和可再生能源产业基地	辽宁省	1161.92	1161.92	至2015年	2010-01-26
龙口湾临港高端制造业聚集区一期	山东省	4428.71	3523.12	至2016年	2010-05-05
镇海泥螺山北侧	浙江省	776	776	至2015年	2010-05-05
兴城临海产业区起步区	辽宁省	938.32	938.32	至2015年	2010-05-05
锦州港一期区域建设用海规划	辽宁省	753.18	753.18	至2015年	2010-05-05
盘锦辽滨沿海经济区一期	辽宁省	1121	1121	至2015年	2010-05-05
营口鲅鱼圈临海工业区一期	辽宁省	864.6	864.6	至2015年	2010-05-05
浙江乐清湾港区北部	浙江省	268	268	至2013年	2010-10-29
舟山市金塘北部	浙江省	775.11	624.84	至2015年	2010-10-29
宁波—舟山港六横临港产业基地	浙江省	1541.1303	1415.302	至2015年	2010-10-29
大丰市港区北片	江苏省	589.27	528.37	至2014年	2010-10-29
上海临港物流园区奉贤分区	上海市	191	191	至2015年	2010-11-08

近年来，在海洋功能区划的统筹引导下，我国海洋经济取得快速发展，保持了高于同期国民经济的增长水平，产业结构进一步优化。据全国海洋经济统计公报显示，2010 年全国海洋经济生产总值 38 439 亿元，比上年增长 12.8%，几乎是 2003 年的 5.5 倍。海洋经济生产总值占国内生产总值比重也逐年增加，至 2010 年已达到 9.7%。与上年相比，海洋产业增加值 22 370 亿元，海洋相关产业增加值 16 069 亿元；其中，海洋第一产业增加值 2 067 亿元，第二产业增加值 18 114 亿元，第三产业增加值 18 258 亿元。据测算，2010 年全国涉海就业人员达 3 350 万人，其中新增就业 80 万人，极大地促进了沿海地区社会经济的发展。同时，海洋产业结构也发生了巨大变化，海洋经济三次产业结构比例由 2002 年的 50∶17∶33 变为 2010 年的 5∶47∶48，产业结构逐渐趋于合理，体现出良性发展的态势（图 5.1）。

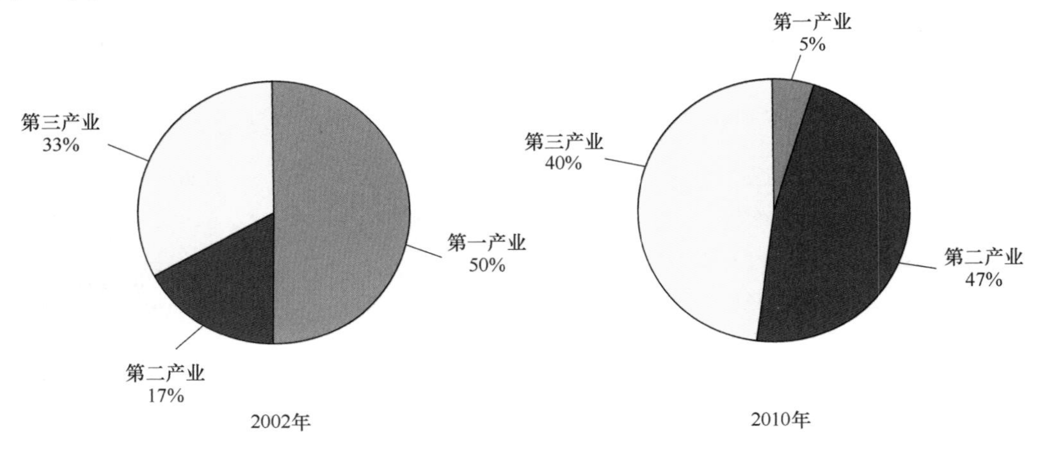

图 5.1 2002 年和 2010 年海洋经济产业结构比较

由此可以看出，上轮海洋功能区划实施期间，我国海域开发利用深度和广度逐步扩大，海洋功能区划保障了国家、省（自治区、直辖市）重大基础项目建设用海，有效引导主要海洋产业结构调整和海洋产业优化，提高了海域使用的效率，满足了各主要涉海行业用海需求，引导行业快速发展，规范了海域使用秩序，使海域价值得到进一步体现，促进了海洋经济的平稳较快发展。

5.1.3 有效保证海洋渔业生产用海，维护传统渔区社会和谐稳定

全国和各级海洋功能区划都划定了渔业资源利用与养护区，对于稳定沿海地区渔民生活、生产秩序，促进社会主义新渔村建设和渔业经济的可持续发展，保障我国水产品供应的平稳增长发挥了重要作用。

5.1.3.1 保障渔业生产稳步增长

我国海洋资源渔业资源种类繁多，在 20 000 多种海洋生物中，鱼类达 3 000 多种，其中经济价值较大的鱼类有 150 种，我国水产品总产量在 1990 年跃居世界首位后一直独占

鳌头。在上一轮海洋功能区划编制过程中，为了重点保障渔业用海需求，划分了渔港和渔业设施基地建设区、养殖区、增殖区、捕捞区和重要渔业品种保护区等重要渔业资源利用与养护区。全国30个重点海域中，有29个重点海域主要功能包括渔业资源利用和养护功能，渔业资源利用与养护区占重要功能区总数量的27%。海洋功能区划有效保障了渔业用海需求，截至2010年底，全国已确权养殖用海（包括增殖用海）海域面积158×10^4 hm^2，发放海域使用权证书47 404本。尽管近年来我国海洋渔业生产遭受到近岸生物资源减少、海洋灾害和养殖病虫害的影响，但养殖产量依然稳中有升，2010年我国近岸海域海水产品总产量近$3\,300 \times 10^4$ t，相当于近1.2亿亩耕地提供的食物量，为国家保障粮食安全作出了重要贡献。

5.1.3.2　维护渔区稳定和渔民利益，促进社会主义新渔村建设

随着我国海洋经济的迅猛发展，港口码头、滨海旅游、油气开采、临海工业、围填海造地等海洋开发活动的规模和范围逐步扩大，与养殖用海之间产生的纠纷和矛盾日益增多。这些问题如不能得到及时解决，不仅制约海洋渔业等各类海洋产业的持续、协调发展，而且影响沿海地区的社会稳定。为切实维护养殖用海者，尤其是渔民使用海域从事养殖生产的合法权益，国家海洋局要求各地区在编制（修订）海洋功能区划时，根据经济和社会发展的需要，统筹安排、科学规划各有关行业用海，尽快划定管辖海域内的养殖用海区域，优先满足当地渔民养殖用海需求。海洋功能区划一经批准，必须严格执行，涉及养殖区调整为其他功能区的，必须按照海洋功能区划的审批权限报国务院或省级人民政府批准。因公共利益、国防安全或者进行大型能源、交通等基础设施建设，需要调整养殖区范围的，应当给予原养殖用海者相应的补偿；涉及渔民养殖用海的，应当依法及时并足额支付补偿费用及其他补助资金，确保被收回海域使用权的渔民生活水平不因此而降低。为了使被收回海域使用权的渔民长远生计有保障，收回海域使用权的人民政府应当异地安排相应面积的养殖海域，或者经过转产转业培训后，为渔民再就业提供帮助。为了切实维护养殖用海海域使用权人的合法权益，实现用海补偿的公平、公正，对于未取得海域使用权的养殖用海单位和个人，在建设占用养殖海域时一律不予补偿。此外，国家海洋局在百县示范活动中，要求各示范县要在海洋功能区划的基础上，划定管辖海域内的养殖用海区域，并报同级人民政府批准实施。其中，划定养殖用海区域的核心内容，要求明确养殖用海区域和传统捕捞作业区、渔民传统赶海区的界线。这一政策的实施有利于解决养殖海域同捕捞海域、渔民传统赶海海域交叉重叠的矛盾，有效地解决了渔业用海内部的矛盾，保障渔区的和谐稳定。有了海洋功能区划这一法律制度，使渔民特别是传统渔民用海得到根本保障，有效保护了渔民的利益，使其得以安居乐业。

5.1.3.3　保障海洋渔业食品安全

全国海洋功能区划对渔业资源利用与养护区提出了明确的环境管理和保护要求，包括禁止在规定的养殖区、增殖区和捕捞区内进行有碍渔业生产或污染水域环境的活动；养殖区、增殖区执行不低于二类的海水水质标准，捕捞区执行一类海水水质标准；设立重要渔业品种保护区，保护具有重要经济价值和遗传育种价值的渔业品种及其产卵场、越冬场、

索饵场和洄游路线等栖息繁衍生境等。这些政策措施的实施有效保护了渔业用海区域生态环境质量，保障了食品安全。

地方各级政府通过合理安排排污口和控制污染物排放量，科学安排养殖密度，以开展海域综合整治等方式落实全国海洋功能区划的要求，各增养殖区的水质与2002年相比发生较大的变化。2010年，对66个海水增养殖区开展了监测。监测结果显示，海水增养殖区环境质量基本满足养殖活动要求，综合环境质量等级为优良、较好和及格的比例分别为55%、30%和15%（表5.2）。增养殖区海水中化学需氧量、酸碱度、溶解氧和粪大肠菌群等监测指标符合第二类海水水质标准的站位比例均在92%以上；沉积物中石油类、镉、铅、砷、总汞、滴滴涕和多氯联苯等监测指标符合第一类海洋沉积物质量标准的站位比例均在93%以上，与2002年相比较都有了较大幅度的提高。渔业资源利用与养护区环境管理目标的实施，有效改善了养殖海域的生态环境质量，使全社会能够获得安全、放心的高质量的海洋食物产品。

表5.2 2010年海水增养殖区综合环境质量等级

增养殖区名称	综合环境质量等级	增养殖区名称	综合环境质量等级
辽宁丹东海水增养殖区	优良	天津汉沽海水增养殖区	较好
辽宁东港海水增养殖区	优良	山东滨州无棣浅海贝类增养殖区	优良
大连獐子岛海水增养殖区	优良	山东沾化浅海贝类增养殖区	优良
辽宁黄海北部海水增养殖区	优良	山东东营新户浅海养殖样板园	优良
辽宁大连庄河滩涂贝类养殖区	优良	山东潍坊滨海滩涂贝类增养殖区	及格
大连金州海水增养殖区	优良	山东莱州虎头崖增养殖区	较好
辽宁大连大李家浮筏养殖区	优良	山东莱州金城增养殖区	较好
辽宁营口近海养殖区	优良	山东烟台海水增养殖区	较好
辽宁盘锦大洼蛤蜊岗增养殖区	较好	山东牟平养马岛扇贝养殖区	较好
辽宁辽东湾海水增养殖区	较好	山东威海湾养殖区	优良
辽宁锦州湾海水增养殖区	较好	山东乳山腰岛养殖区	较好
辽宁锦州市海水增养殖区	及格	山东日照两城海域增养殖区	优良
辽宁葫芦岛海水增养殖区	优良	江苏海州湾海水增养殖区	较好
辽宁葫芦岛止锚湾养殖区	较好	江苏如东紫菜增养殖区	优良
河北北戴河海水增养殖区	优良	江苏启东贝类增养殖区	较好
河北昌黎新开口浅海扇贝养殖区	较好	浙江嵊泗绿华海水增养殖区	优良
河北乐亭滦河口贝类养殖区	优良	浙江舟山嵊山海水增养殖区	优良
河北黄骅李家堡养殖区	及格	浙江岱山海水增养殖区	优良
浙江普陀中街山海水增养殖区	优良	广东深圳东山海水增养殖区	优良

续表

增养殖区名称	综合环境质量等级	增养殖区名称	综合环境质量等级
浙江象山港海水增养殖区	及格	广东桂山港网箱养殖区	较好
浙江三门湾海水增养殖区	优良	广东茂名水东湾网箱养殖区	及格
浙江温岭大港湾海水增养殖区	较好	广东雷州湾经济鱼类养殖区	较好
浙江乐清湾海水增养殖区	优良	广东流沙湾经济鱼类养殖区	优良
浙江洞头海水增养殖区	优良	广西北海廉州湾对虾养殖区	优良
浙江大渔湾增养殖区	优良	广西钦州茅尾海大蚝养殖区	较好
福建三沙湾海水增养殖区	及格	广西防城港红沙大蚝养殖区	较好
福建罗源湾海水增养殖区	优良	广西防城港珍珠湾养殖区	优良
福建闽江口海水增养殖区	及格	广西涠洲岛海水增养殖区	优良
福建平潭沿海增养殖区	及格	海南海口东寨港海水增养殖区	较好
厦门沿岸海水增养殖区	及格	海南临高后水湾海水增养殖区	优良
福建东山湾海水增养殖区	优良	海南澄迈花场湾海水增养殖区	优良
广东柘林湾海水增养殖区	较好	海南陵水新村海水增养殖区	及格
深圳南澳海水增养殖区	优良	海南陵水黎安港增养殖区	优良

5.1.4 有效遏制海洋生态环境恶化，实现近海环境质量改善目标

控制住近岸海域环境质量恶化的趋势，并使生态环境质量得到改善，是海洋功能区划的重要目标之一。全国海洋功能区划的实施有力地推动了我国的海洋环境保护工作，促进了人与海洋的和谐，增强了海洋生态系统的服务功能，保障了我国海域的生态安全。

5.1.4.1 我国近海海水水质得到改善

除全国海洋功能区划明确了各类型功能区的水质管理目标外，海洋功能区划技术导则还明确了各类海洋功能区的沉积物质量、海洋生物质量管理目标和生态环境保护要求。全国和沿海省级海洋功能区划批复后，各级海洋行政主管部门及有关部门依据海洋功能区划编制区域性海洋环境保护规划及海洋生态环境保护与建设规划，依据海洋功能区划核准和审批海洋工程环境影响报告书、选择入海排污口，并在审批用海项目时，充分考虑用海项目建设对周边功能区的影响。同时，国家海洋局不断提高重点海洋功能区的监测范围和频率，先后开展了海水增养殖区、滨海旅游度假区、海洋倾倒区、海上油气开发区等功能区的环境质量监测工作。这些措施的实施，有效地改善了我国近海的海洋环境质量情况，与2000 年相比，2010 年的污染水质总面积、二类、三类水质面积均比2000 年有所减少，基本实现了全国和省级海洋功能区划提出的控制住近岸海域环境质量恶化趋势。

5.1.4.2 我国海洋保护区建设得到加强

海洋保护区是海洋功能区划的重要类型,《全国海洋功能区划》共设置了57个重要海洋保护区,区划实施以来,我国海洋保护区面积大幅增加。《全国海洋功能区划》批复后,沿海各级政府高度重视海洋保护区建设,使海洋保护区建设得到迅速发展。目前,我国各类海洋保护区总数为221个,面积超过3.3×10^4 km²,面积比2001年增加了9 000多平方千米。各类保护区的建立,不但在极大程度上限制了破坏海洋自然资源和生态环境的开发活动,使重要的海洋生态系统或物种得以保护和恢复,还有效增强了沿海地区保护海洋资源和海洋生态环境的意识。

5.1.5 加强海域使用权属管理,规范海域资源开发秩序

截止2010年底,在符合全国和各级海洋功能区划的前提下,我国共确权海域面积约194×10^4 hm²,发放海域使用权证书56 737本。其中,辽宁省517 422 hm²,10 417本;河北省107 078 hm²,4 745本;天津市39 670 hm²,369本;山东省353 067 hm²,8 178本;江苏省444 120 hm²,2 692本;上海市15 645 hm²,36本;浙江省133 074 hm²,3 547本;福建省170 918 hm²,12 610本;广东省116 817 hm²,6 967本;广西壮族自治区23 764 hm²,3 374本;海南省12 451 hm²,3 714本;地方人民政府管理海域以外以及跨省、自治区、直辖市管理海域的项目用海480 hm²,88本(图5.2)。各级海洋主管部门通过海洋功能区划的实施,有效的加强了我国海域使用权属管理,实现了海域的使用价值。

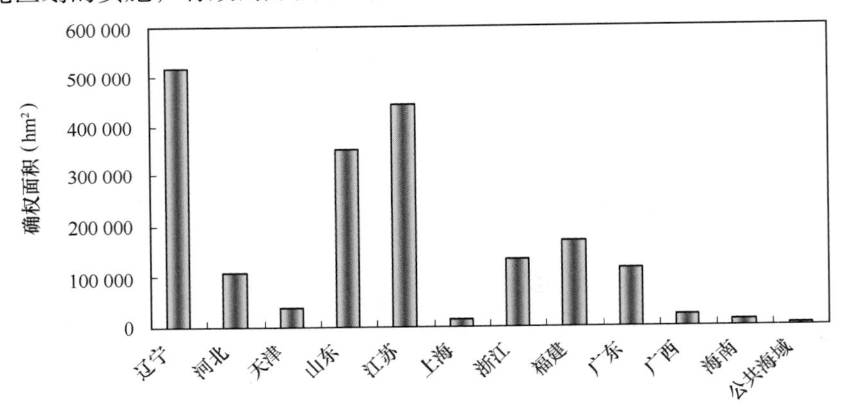

图5.2 截至2010年全国各省(市、自治区)累计确权海域面积

从确权海域的用海类型来看,渔业用海的确权数量和面积都居首位,共48 514宗,确权面积达1 602 188 hm²,占总确权面积的82.64%;其次为交通运输用海,共2 899宗,确权面积108 226 hm²,占总确权面积的5.58%;填海造地用海居第三位,共1 648宗,确权面积74 598 hm²,占总确权面积的3.85%;工业用海占第四位,共2 231宗,确权面积74 370 hm²,占总确权面积的3.84%;之后依次分别为海底工程用海、特殊用海、旅游娱乐用海、其他用海和排污倾倒用海(见表5.3,图5.3)。其中,渔业用海为大部分地区的

主要用海类型。辽宁、河北、山东、江苏、浙江、福建、广东、广西和海南渔业用海面积均占确权面积的第一位，我国北方沿海地区渔业用海在全部用海类型中所占的比重略高于南方沿海地区，其中江苏省最高，最低的为城市化水平较高的沿海直辖市天津和上海；天津和上海为我国最主要的两个港口城市，在全部用海类型中，占主导地位的为交通运输用海；旅游产业是海南省的主要产业之一，旅游娱乐用海在全部用海类型中占 11.16%，位于第二位。可以看出，各用海类型的确权情况符合海洋功能区划统筹安排行业用海，保护渔业用海，促进海洋经济发展的区划目标。

表 5.3 截止 2010 年我国各用海类型已确权数量

用海类型	确权发证（宗）	确权面积（hm^2）	所占比例（%）
渔业用海	48 514	1 602 188	82.64
工业用海	2 231	74 370	3.84
交通运输用海	2 899	108 226	5.58
旅游娱乐用海	538	10 889	0.56
海底工程用海	395	37 369	1.93
排污倾倒用海	75	2 177	0.11
造地工程用海	1 648	74 598	3.85
特殊用海	218	15 670	0.81
其他用海	219	13 340	0.69
合计	56 737	1 938 827	100

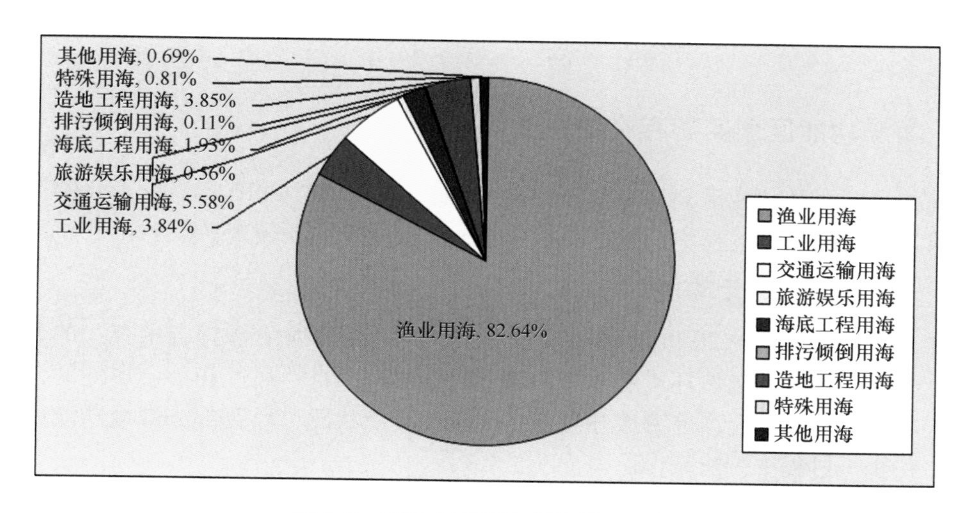

图 5.3 2010 年我国各用海类型比例

国家和地方各级海洋主管部门通过全国海洋功能区划和省市县海洋功能区划的实施，规范和引导涉海行业规划，统筹安排行业用海，有效缓解了海洋资源利用冲突，同时也通过用海审批加强了海域使用权属管理，规范了海域资源的开发利用秩序。

5.1.6 体现我国主张海域的管辖权，维护国家海洋权益

按照《联合国海洋法公约》规定，我国主张管辖的海域面积约 $300\times10^4\ km^2$。随着我国社会经济快速发展，开发利用海洋的步伐不断加快，海洋权益的内涵和范围不断扩展，海上维权形势严峻。我国同周边 8 个海上邻国存在划界问题（朝、韩、日、菲、马、文、越和印度尼西亚），需要划定的海上边界总长超过 7 400 km（约 4 000 多海里），争议海域面积约 $157\times10^4\ km^2$，其中黄海约 $3\times10^4\ km^2$、东海约 $30\times10^4\ km^2$、南海超过 $120\times10^4\ km^2$。《全国海洋功能区划》的范围包括我国管辖的内水、领海、毗连区、专属经济区、大陆架及其他水域（香港、台湾省毗邻的海域除外），这是目前唯一一个全覆盖我国主张管辖海域的国家级规划，区划从海洋开发的角度，以国务院文件的形式向世界宣示了我国对钓鱼岛周边海域、西沙、南沙等海域的管辖权。全国海洋功能区划明确了我国管辖海域的全部范围，界定争议海域的功能。通过区划，为我国海洋资源开发利用管理以及相关执法队伍的巡航执法范围提供依据；同时充分体现了我国对全部海域的管辖权，维护了我国海洋权益。

实践证明，上一轮《全国海洋功能区划》的实施，在保证国家和地方经济社会发展的用海需求，统筹协调各涉海行业之间的用海矛盾，保护和改善海洋生态环境，促进海域资源的合理开发和可持续利用，维护国家海洋权益等方面发挥了重要作用，已经成为促进沿海地区社会经济发展、保障海洋生态环境建设、推动海洋事业又好又快发展的强大动力。

5.2 海洋功能区划实施存在的问题及原因

5.2.1 海洋功能区划实施存在的主要问题

目前的全国海洋功能区划从 2002 年开始实施，有效期至 2010 年。由于我国正处在快速发展阶段，其在执行过程中，暴露出不少矛盾和问题。主要表现在以下几个方面。

5.2.1.1 基础数据过于陈旧

海洋功能区划采用的 20 世纪 80 年代“全国海岸带和滩涂资源综合调查”的数据，由于沿海社会经济环境和自然环境的改变，部分数据对海洋自然属性和社会属性的认识是过时或错误的，已经不符合当前海域开发现状和资源环境状况，导致部分海域功能的划分不够科学，在执行过程中无法操作。

5.2.1.2 前瞻性不够

近年来，我国经济形势发生很大改变，海洋经济实力显著增强，与 2002 年相比，2010 年海洋产业增加值增长了近 4 倍，沿海主要港口货物吞吐量增长了 3 倍，全国修造船

完工量增长了5倍以上。港口、化工、造船、新能源等海洋产业用海需求迅猛增长，海洋功能区划所设置的功能区难以满足行业用海需求，尤其是建设用海需求。建设用海范围、规模不断扩大，与渔业用海和保护区用海的矛盾尤其突出，要求调整海洋功能区划的情况增多。

5.2.1.3 综合管控能力不足

缺少海洋功能区划的监督检查机制和约束性指标，出现了部分打擦边球的用海行为，违反区划审批项目用海的现象依然存在，对涉海行业规划的指导性不强，无法发挥其国家级战略性、基础性规划的作用，区划参与宏观调控的能力较弱。

5.2.2 主要原因分析

上述问题的产生根源于海洋功能区划的理论体系、编制过程、实施的技术体系、制度体系等，本文在调研的基础上，从海洋功能区划理论体系、编制、实施三个环节系统分析了产生以上问题的主要原因。

5.2.2.1 海洋功能区划理论体系方面的原因

我国现行海洋功能区划执行的是国务院2002年批复的《全国海洋功能区划》（国函[2002]77号）以及国标《海洋功能区划技术导则》（GB/T17108—2006）。通过多年实践，区划的科学性、客观性和管理实践性逐步地显现出来，但限于当时的时间和条件，部门间的协商与协调，加之区划技术人员理解上的不同，有些不足也逐步的显现出来，主要包括三个方面的原因：区划分类体系不完善、省市县三级层级体系不清晰、缺少约束性指标。

（1）分类体系方面

①海洋功能区划分类体系关注自然属性和使用现状，对区域经济社会、公众生活等方面关注不足，由于缺少生产和生活分类，加之对地区经济发展预测不到位，使得区划调整频度加大，甚至个别省、市区划刚刚批复就提出调整的要求。如缺少对城镇建设区和工业园区类型的划定，也缺少公众用海区等。

②类型略显重叠，有些类型不具备用途功能，且层次不分明。如工程用海区的定义就与其他类型有重叠，除保留区外，其他类型均属于工程用海区，工程用海区的类型也与其他类型相互重叠；围填海区不具备用途功能。由于类型相互重叠，且等级不明，使得国家和地方在功能区定位上显得模糊和混乱，对功能区划的执行不坚决。

③海洋功能区划分类与海域使用管理和海洋环境保护还需进一步衔接。现在海洋功能区划是十类二级，与海域管理偏差较大。另外，区划分类与海洋环境保护要求的内容也有一定差别，海洋环境保护管理要求对具有重要经济、社会价值的已遭到破坏的海洋生态，应当进行整治和恢复，现有区划分类没有整治与修复的类别。

④分类体系应充分考虑未来海洋新技术新产品类型，像海洋能开发、海上机场、海底贮藏、海上城市以及海上交通建设等。

（2）指标体系方面。

缺少约束性指标。本轮区划没有建立约束性指标体系，对围填海等建设用海需求缺少规模控制指标，导致其规模增长过快；对海洋生态环境仅明确了各功能区的水质管理目标，缺少底质和生态环境质量管理目标；保护区面积、自然岸线等也缺少相应的保护目标。

同时，缺少上级海洋功能区划对下级海洋功能区划的控制性指标。根据海域属性和社会属性，依据分类指标与体系划定功能区，技术人员和相关部门人员对这些条款的理解会有不同，认为在下级区划中可以将上级区划的一级类进行适当切割，细分为不同功能区的一级类和二级类功能区，细分的规模、数量没有控制指标限制，逐级细分后功能区规模小，布局上不尽合理，细分结果基本上是将保护类、水产养殖类功能调整为围填海造地区、港口区、排污区等。再一方面是功能区是否可以调整的依据不充分，尤其是调整为可进行围填海性质的功能区，缺少相应的围填海专题研究成果作为支撑，在向各部门各行业征求意见时，说服力不足，只能通过行政协调协商划定功能区。

（3）区划层级体系方面。

海洋功能区划分为四级，下级区划依据上级区划编制，是上级区划的具体落实，是一个下级体现上级要求，逐级细化的过程。《海洋功能区划管理规定》也明确了各级区划的主要任务。全国海洋功能区划的主要任务是：科学划定一级类海洋功能区和重点的二级类海洋功能区，明确海洋功能区的开发保护重点和管理要求，合理确定全国重点海域及主要功能，制定实施海洋功能区划的主要措施。省级海洋功能区划的主要任务是：根据全国海洋功能区划的要求，科学划定本地区一级类和二级类海洋功能区，明确海洋功能区的空间布局、开发保护重点和管理措施，对毗邻海域进行分区并确定其主要功能，根据本省特点制定实施区划的具体措施。市、县级海洋功能区划的主要任务是：根据省级海洋功能区划，科学划定本地区一级类、二级类海洋功能区，并可根据社会经济发展的实际情况划分更详细类别海洋功能区。市、县级海洋功能区划应当明确近期内各功能区开发保护的重点和发展时序，明确各海洋功能区划的环境保护要求和措施，提出区划的实施步骤、措施和政策建议。设区市海洋功能区划的重点是市辖区毗邻海域和县、区海域分界线附近的海域；县海洋功能区划的重点是毗邻海域。

尽管对各级区划的重点任务有了明确规定，但在实际工作中，省、市、县（市）三级区划的层级关系很难把握。目前所编制的市级区划和县级区划，在内容和形式上基本一样，对海洋功能区划的描述方式也是相同，反映不出宏观区划和微观区划的特点。主要原因有：一是缺少相关技术规范，《海洋功能区划技术导则》没有区分不同级别海洋功能区划的要求；二是对下级区划如何体现上级区划的要求，缺少具体可操作的准则。

5.2.2.2 区划编制方面的原因

（1）海洋功能区划的编制、报批周期过长，时间上不衔接。

①省级区划编制、报批周期过长。我国建立了海洋功能区划四级编制、两级审批制度。本轮海洋功能区划编制工作是从 2001 年开始，《海域使用法》实施后，国家海洋局还下发《关于加快海洋功能区划编制、审批和实施工作的通知》（国海管字［2002］44号），要求各省加快区划编制上报工作（见表 5.4）。国务院 2004 年批复了山东、辽宁、广西、海南省海洋功能区划，2006 年批复了浙江省、江苏省、河北省、福建省海洋功能区

划，2008年又批复了广东省、天津市海洋功能区划，2008年上海市海洋功能区划才上报国务院，因国家又启动了新一轮区划编制工作，上一轮区划未进入审批程序，整个区划编制报批时间经历了7年。7年来，海洋功能区划的理念和思路都在发展。上海市海洋功能区划尚未经国务院批准，山东省、广西区已提出修编海洋功能区划，各省市在区划批准时间上差别较大，横向上缺少可比性。

表5.4 省级海洋功能区划编制报批时间

省级海洋功能区划	编制时间	上报时间	批准时间
辽宁海洋功能区划	—	2002年	2004年
河北海洋功能区划	—	2005年	2006年
天津海洋功能区划	2004年	—	2008年
山东海洋功能区划	2001年	2002年	2004年
江苏海洋功能区划	—	2005年	2006年
浙江海洋功能区划	—	2005年	2006年
上海海洋功能区划	—	—	未批准
福建海洋功能区划	2004年	2005年	2006年
广东海洋功能区划	2004年	2005年	2008年
广西海洋功能区划	—	2003年	2004年
海南海洋功能区划	2001年	2002年	2004年

②省、市、县区划时间不衔接。在纵向上，四级区划编制的周期更长。例如目前山东省仅有三个地级市海洋功能区划通过省政府审批，县级海洋功能区划尚未编制完成，青岛、烟台等市级区划尚未上报省政府，省级区划已提出修编，给上下级区划的衔接和保持一致性造成很大困难。福建省第二轮的省、市、县三级海洋功能区划从省级海洋功能区划开始编制到县级海洋功能区划批准实施，历时达5年以上（表5.5），目前还有部分县级海洋功能区划由于没有按当地地方政府要求进行个别功能区调整，至今尚未通过地方政府审核上报。

表5.5 福建省各级海洋功能区划编制报批时间

各级海洋功能区划	开始编制	审批时间	批准实施
省级区划	2004年	2005年	2006年
市级区划	2005年	2006年	2007年
县级区划	2006年	2007年	2008—2009年

③对海洋功能区划实施的影响。省、市、县级海洋功能区划之间编制、报批周期太长，起始时间不一的问题，导致收集资料和调查内容的差别，特别是某些相关规划或区划资料的更新和修改，从而影响到海洋功能区划的结果；由于地方政府的各种规划与用海需求不断变化或认识观念改变等原因，海洋功能区划从编制、逐级审核到批准实施的过程，往往存在过程历时超过编制期限的情况，这种较长跨度的时间不衔接，导致各级功能区划的不衔接或矛盾；同时，也很难与其他涉海行业规划等在规划周期上保持一致，难以发挥海洋功能区划作为基础性规划的作用。

（2）省、市、县三级海洋功能区划的空间衔接问题。

①上下级海洋功能区之间局部空间不衔接。在省、市、县三级功能区划中，相同海域空间、采用相同的分类指标体系对海域进行功能区划分，不同级功能区划在一定程度上倾向于区划比例尺大小的区别，在区划编制中存在着一些处理上下级海洋功能区之间空间衔接难把握的问题，甚至出现同一海域空间功能区定位的矛盾冲突。例如在某一海域，省级区划中划定该区域的主要功能，从宏观上引导控制该区域今后发展的功能，但由于区域范围比较大，其中未免包含若干小区域其他功能，上一级区划对一个大的空间单元区划可能存在多种功能区。而在市一级区划中，根据地方政府需求将该区域选划为不同功能区，部分功能区与省级区划定位的主导功能不完全兼容，但又非完全排它关系。县级区划按照市级区划同时根据地方政府需求与自然条件进一步细化，属于最低一级区划，功能区基本覆盖全海域，功能区规模和范围都较小，二级类功能明确，部分功能区与省级区划和市级区划中定位的主导功能不完全兼容，但又非完全排它关系，经过市、县两级区划的细化，由于没有区划控制性指标，不完全兼容但又不完全排它的功能区累积面积比较大，尤其是涉及围填海性质的功能区，这些类型功能区在上下级海洋功能区之间的衔接一般难于处理。在省市县三级功能区划过程中，可能出现在下一级区划中将上一级区划的大区分为几类小区，而这些小区与上一级大区存在空间占用或功能冲突。比如在上一级区划中定位为养殖区，而下一级区划中在养殖区内部局部区域划分出小型的港口区、围海造地区或者排污区等。养殖区和围海造地区（或者港口区、排污区）的功能定位在海域空间使用类型和海洋保护要求方面存在较大的反差：围海造地区占用海域空间，改变海域属性；养殖区对海域属性影响较小，海洋环境保护要求也比较严格。这种功能存在相互排斥的现象在省、市、县三级区划过程中并非少见，且越往下级区划该类现象越突出。

②出现上下级海洋功能区之间衔接关系难于处理的主要原因。一是海洋功能区划缺少控制性指标加以制约。海洋功能区选划是根据海域自然属性和社会属性，对照分类体系和指标体系进行划定的，技术人员和相关部门人员的操作可能会因人而异而造成理解不同，认为在下一级区划中可以将上一级区划的一级类进行适当切割，细分为不同功能的一级类和二级类功能区，而且细分的规模、数量没有控制指标限制。

二是功能区调整和不予以调整的科学依据不够充分，尤其是调整为可进行围填海性质的功能区，缺少相应的围填海专题研究成果作为支撑，在向各部门各行业征求意见时，说服力不足，只能通过行政协调协商划定功能区。

5.2.2.3 区划实施方面的原因

（1）海洋功能区划符合性分析缺乏统一标准。

海域具有多种功能，但我国目前的区划大部分功能区仅确定了单一功能，或者说突出强调了主导功能，并未列举兼容功能。在项目审批中，项目用海与功能区划的一致性比较好判断，但对兼容性却很难把握。目前海洋功能区划兼容性的判定主要有以下两种操作方式：一种是通过论证和专家评审判定用海项目是否符合海洋功能区划。按照《海域使用论证技术导则》，海域使用论证应给出项目用海是否符合海洋功能区划的结论，但海域使用论证技术导则对海洋功能区划符合性的分析只有原则性的规定，并没有明确的判定标准。另一种是前置判定，受理海域使用申请后，由海洋行政主管部门判定用海项目是否符合功能区划。不符合海洋功能区划的，直接通知海域使用申请人，否决该项目或建议另行选址；符合海洋功能区划的，按要求履行审批程序。因此，无论哪一种方式，都存在着主观性太强的缺陷，有的地区、专家对用海项目与海洋功能区是否兼容从严掌握，项目用海与海洋功能区划符合性判断被机械而简单地理解为“用海类型是否与功能区类型一致，用海范围是否在对应功能区范围内”，导致兼容性的海域使用被排斥，与功能区范围略有出入的用海平面布置方案被否定，海洋功能区划项目化，其适应性被大大降低；有的则从宽处理，使海洋功能区划兼容性的判定具有了很强的“艺术性”，从而失去了应有的严肃性。

（2）海洋功能区划评估和修改缺乏技术依据。

国家海洋局2007年出台的《海洋功能区划管理规定》建立了海洋功能区划评估制度，并将海洋功能区划的修改分为三种类型：一般修改、重大修改和特殊修改。海洋功能区划批准实施两年后，县级以上海洋行政主管部门对本级海洋功能区划可以开展一次区划实施情况评估，对海洋功能区划提出一般修改或重大修改的建议。海洋功能区划不能随意变动，但必要的修改也是允许的，建立评估制度将有助于减少海洋功能区划修改的随意性和频率。目前，部分省、市、县级区划已批准实施达到两年，将逐步开展评估和修改调整工作，浙江台州、玉环等市县已启动评估工作。

（3）海洋功能区划管理信息系统不规范。

目前，各省市建立的海洋功能区划管理信息系统不统一，不规范，给各级海洋功能区划汇总带来了很大难度。主要原因一是系统开发重视不够，没有统一标准要求，一般一并委托海洋功能区划编制技术单位进行开发，技术力量参差不齐，所开发的管理信息系统互不兼容，更谈不上信息资源的汇总与共享；二是海洋功能区划管理信息系统是在其他地理信息系统平台上进行二次开发，没有自主产权，系统多数属于单机版，而且要运行管理信息系统必须配置地理信息系统平台或授权，系统配置运行成本高；三是系统实用性不强，与实际管理需求结合程度低，生命力弱且短暂。国家应统一组织开发海洋功能区划信息系统，才能做到有效的汇总，实现数据共享，上下互动（见表5.6）。

表 5.6 各省（市、自治区）海洋功能区划调研中反映问题（汇总）

问题类型	具体意见	省（市、自治区）
关于功能区划的编制报批程序	海洋功能区划编制报批时间过长	辽宁、上海、福建、江苏
	海洋功能区划修改报批方式单一、程序复杂	河北、江苏
	区划（修编）的协调工作困难重重，延缓了区划（修编）报批的进程	上海
	海洋功能区划修改修编制度需要完善	广东
关于海洋功能区划技术体系	海洋功能区划的层级体系不清晰	辽宁、河北、山东、江苏、浙江、福建、广东
	分类体系混乱，需进一步理清	河北、浙江
	海洋功能区划评估和修改缺乏技术依据	福建
	海洋功能区划管理信息系统不规范	福建、广西
	海洋功能区划技术体系尚需完善，未能形成整体技术框架	广西
	海洋功能区划符合性分析缺乏统一标准	福建
关于区划的前瞻性和科学性	海洋功能区划对社会经济发展的预期不足	江苏、上海、福建
	海洋功能区划难以适应社会经济和海洋环境条件的发展变化需要，局部地区区划实施中的矛盾较突出	辽宁、福建、海南
	功能区布局的全局性引导较弱，对海洋经济的统筹引导作用不够	浙江、福建
	片面强调发展的需求而忽略海域的自然属性	海南
关于功能区的管理要求	海洋功能区的环境质量管理要求不适宜	辽宁
	海洋功能区划对于具体功能区的管理规定不明确	河北
	海洋功能区中对围填海规模控制不严	福建
关于区划的实施	对海洋功能区划实施缺乏监测和评估	江苏
	市县级区划局部修改需求过多	浙江
	海洋功能区划的实施措施不强	辽宁
其他问题	沿海政府或单位对海洋功能区划的法律地位认识不足	辽宁、海南
	海洋功能区划在时空上与其他规划很难协调	山东、福建
	海洋功能区划的编制依据“项目化”	福建
	功能区划登记过程不完善	海南

6　海洋功能区划面临的形势

今后十几年，是我国全面建成小康社会的重要时期，是全面建成小康社会的关键时期，也是深化改革开放、加快转变经济发展方式的攻坚时期。海洋是经济全球化的桥梁，是21世纪经济发展的重要载体。随着我国沿海地区的工业化、城镇化和国际化进程的深化，海洋开发与沿海地区空间结构发生深刻变化，作为规范我国海洋开发利用活动的海洋功能区划制度的实施也面临着前所未有的新形势，主要表现在以下七个方面。

6.1　经济全球化进程加剧

经济全球化是通过贸易、资金流动、技术涌现、信息网络和文化交流等方式，实现世界范围的经济高速融合，使大量的商品、劳务、资金和技术在世界范围内更快捷广泛地流动和传播，而形成各国之间相互影响、相互依赖的经济现象。20世纪80年代以来，经济全球化已成为世界范围内日益凸现的新趋势，生产资本向全球流动及其所带动的全球贸易和金融活动，已成为当今世界经济发展的重要特征之一，这一变化有力地促进了全球生产力的大发展和各国生产关系的大变革。随着社会发展与科技进步，分工越来越细，企业间的垂直分工，把不同区域、不同生产性质、不同生产规模的企业紧密联系在一起，促成产品及生产要素在国际间、地区间的流动，更促进了经济全球化的形成。随着经济全球化的日益深化，我国的国门已进一步打开，对我国社会经济产生了巨大的影响，也对我国开发利用海洋资源、保护海洋生态环境、拓展海洋空间和维护海洋权益等方面提出了新的问题。

现阶段，经济全球化的发展大潮正在把中国沿海地区推向国际经济大循环的前沿阵地，中国近海是东北亚和东南亚之间的交通要塞，是中国经济走向世界的重要通道。北部沿岸的连云港、天津、大连是欧亚大陆桥的东端；上海位于长江口，处于江海交汇的桥头堡位置上；广州是中国华南的主要出海口；广西北海、钦州、防城是西南内陆地区的出海大通道。这种特殊的地理位置所形成的区位优势是无可替代的。沿海地区作为改革开放的前沿阵地，在经济、文化、社会生活等方面都首先受到了经济全球化浪潮的影响。改革开放初期，沿海地区把握住国际产业转移的重大机遇，迅速形成了大规模的以出口导向型为主的产业结构体系，“中国制造”、“世界工厂”声名鹊起。沿海地区的产业发展主要通过两种方式逐步纳入到全球价值链中：一是直接接受国际制造基地的转移，主要发生在珠三角、长三角、环渤海等地区，通过港资、台资、韩资、日资等外来企业制造业的转移而参与到全球价值链中；扮演的角色是国际产业转移的接受者。从产业集群的形成就已经嵌入了全球价值链中，主要是凭借优越的地理位置、政府的优惠政策、较好的投资环境和生活环境来吸引外资，逐步形成出口导向型产业结构体系。二是我国产业发展主动嵌入全球价值链中，主要是通过进口替代性道路发展自己的企业和产业，主要产业集中在服装、鞋与纺织品等领域，然后为国外大企业做“OEM”或“ODM”，从而参与全球价值链。这类产业集群是适应农村城镇化和农村产业化以及城市经济结构调整需要而产生的，主要依靠内部力量形成的，是基于自身的优势资源和优势产业，或成为城市工业配套而形成的。

从总体上来看，改革开放30年来，我国沿海地区凭借在世界经济发展格局中优越的区位优势，实现了以产业集群化发展为特征的、依赖比较优势外向带动和低成本资源要素外延开发相结合的发展道路。但是，随着经济的发展，沿海地区工业化和城镇化进程不断加速，使得本来就紧张的人地关系问题更加突出，土地资源供需矛盾日益严重。在沿海地区土地资源越发稀缺的背景下，东部沿海建厂的土地成本、人力成本、能源费用高居不下，沿海等经济发达地区的企业扩张成本越来越高，沿海地区急需更加广阔的空间资源。

在经济全球化进程中，发达国家凭借其技术和资本优势，以跨国公司为工具，实施资源在全球范围的不公平分配，可能出现资源掠夺和环境污染转嫁，这一现象在我国引进外资较多的沿海地区已经十分突出。一些不法商人为了短期的经济利益大肆掠夺资源，给海洋生态环境和广大居民的生存健康带来极大危害。2008年1月9日国家环保总局新闻发言人陶德田称，有130家跨国企业曾经存在环境违法行为，上了环保黑名单，通报并且点名批评了三家污染情节严重的跨国公司，其中两家都在沿海地区，而这仅仅是冰山一角。随着经济全球化的延深和扩展，中国逐渐成为“世界工厂”，越来越多的国外制造企业涌入我国沿海地区。但是，目前引进的产业大多数是高耗能、高污染的初级产品制造，再加上我国的科技不发达，导致资源利用率低下等原因，使我国沿海地区自然资源和能源消耗巨大，海洋生态环境破坏加剧。可见，随着经济全球化大潮而来的资源掠夺和环境污染成本转嫁问题已经日益严重，并将对我国的新一轮海洋功能区划的编制和实施产生重要影响。

沿海地区急需通过新一轮海洋功能区划的编制和实施实现海洋空间资源的集约节约利用、促进海洋产业结构升级、加强海洋生态环境保护，以应对由世界经济全球化带来的发展空间不足、产业结构不合理和资源环境破坏等问题，解决目前沿海地区经济不可持续发展的问题。

6.2 国家区域和产业发展战略调整重大

在过去的十年中，我国经济保持高速发展，固定资产投资、进出口总额、国民消费水平都保持高速稳定增长，国民经济呈现增长速度较快、经济效益较好、群众受惠较多的良好发展态势。但是，资源利用效率低下、经济增长模式落后、区域发展不平衡和经济结构急需改善等问题也越来越突出。为此，进入“十一五”以来，国家在区域经济和产业结构等战略性规划的思路已经发生了较大的调整，相应的对全国海洋功能区划也提出了新的要求，并突出表现在以下三个方面。

6.2.1 我国区域发展规划调整，发展海洋经济提升为国家战略

我国自改革开放开始实施区域经济规划，从沿海地区率先发展，到促进中西部地区发展，再到振兴东北老工业基地，区域经济发展战略已取得了极大的成效。近年来，随着国内外形势的变化，我国的区域发展规划也发生了较大的调整，沿海地区发展已经上升到国家战略层面，新一轮沿海地区区域发展战略规划相继获批（见图6.1），标志着新一轮沿海大开发、大开放时代的到来。

2011年通过的《中华人民共和国国民经济和社会发展第十二个五年规划纲要》中，提出了实施区域发展总体战略和主体功能区战略，构筑区域经济优势互补、主体功能定位清晰、国土空间高效利用、人与自然和谐相处的区域发展格局，逐步实现不同区域基本公共服务均等化；大力发展海洋经济，按照陆海统筹的原则，强化海洋和重点海域在促进区域协调发展中的独特地位和作用，实现经济布局从陆地到海洋的延伸，拓展国民经济发展空间。这是深入贯彻落实科学发展观，促进我国经济长期平稳较快发展的重大战略举措，具有重要的战略意义和现实意义。

作为我国海域使用管理基本制度之一的海洋功能区划制度，在这样的大背景下也被寄予了前所未有的希望：一是为了适应国家社会经济发展的需要，协调和规范各种海洋开发活动，提升保障重大项目用海和服务经济社会发展大局的能力，建立起良好的海域开发利用秩序；二是在综合分析海域区位、自然资源、环境条件等自然属性，全面摸清我国海域资源开发现状，科学预测用海的社会需求与潜力的基础上，合理确定未来海洋发展定位和战略布局，科学划分基本功能区，为科学、合理地开发海洋资源和保护海洋环境提供可靠依据，促进海洋经济发展方式转变和沿海地区经济平稳较快发展。

6.2.2 产业调整和振兴规划出台，部分重点功能区急需重新定位

为应对国际金融危机对我国经济的影响，根据国务院部署，国家发展改革委等部门陆续制订发布了钢铁、汽车、船舶、石化、纺织、轻工、有色金属、装备制造业、电子信息以及物流业10个重点产业调整和振兴规划。2009年，国务院批准了11个产业调整和振兴规划，其中涉及海洋开发的包括2009年3月出台的《钢铁产业调整和振兴规划（2009—2011年）》、2009年2月国务院常务会议审议并原则通过的《船舶工业调整振兴规划》、2009年5月国务院发布的《石化产业调整和振兴规划（2009—2011）》、2009年3月国务院印发的《物流业调整和振兴规划》、《装备制造业调整和振兴规划》。这些规划对于我国保持经济平稳较快增长、扩大内需、增强发展后劲意义重大，同时这几大产业规划也将直接推进沿海地区的产业布局调整，产生旺盛的用海需求。上一轮海洋功能区划是国家海洋局从1998年开始组织编制的，开展了国家、省、市、县四级海洋功能区划，其中全国海洋功能区划和沿海10个省级海洋功能区划从2002年开始相继报国务院批准。由于对海岸和近岸海域资源的有限性和海域需求的增长性认识不足，很多功能区的设置缺乏一定的前瞻性，与目前的产业调整和振兴规划中对海域开发和保护要求等存在矛盾，部分重点功能

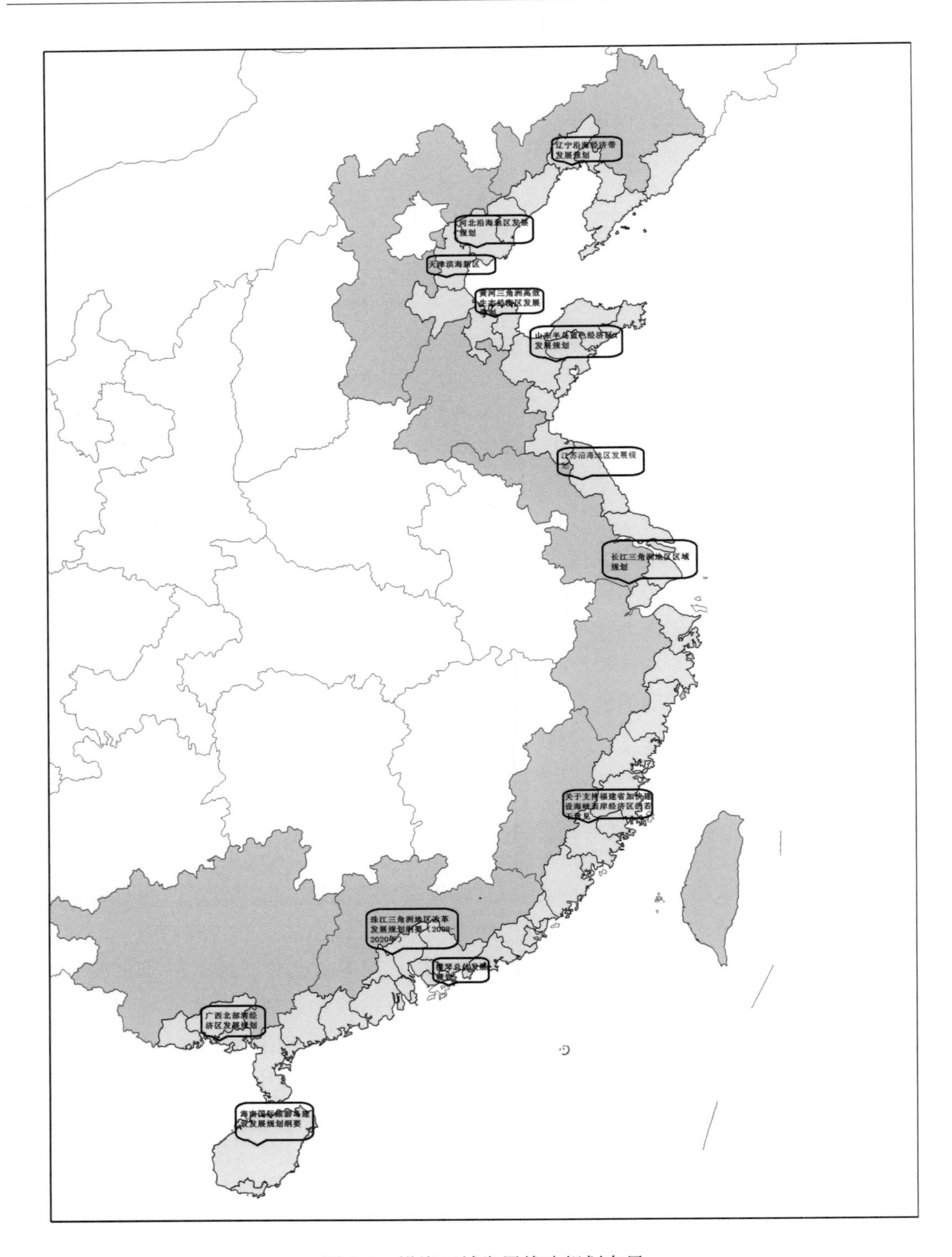

图 6.1　沿海区域发展战略规划布局

区急需重新定位。

6.2.3 国家对海洋功能区划发挥宏观调控作用的期望不断提升

2008 年下半年以来，为抵御国际经济环境对我国的不利影响，防止经济增速过快下滑和出现大的波动，党中央、国务院决定对宏观经济政策做出重大调整，出台进一步扩大内需、促进经济增长的政策措施。沿海地区落实中央决策部署，需要海域和海洋资源的有力支撑和保障，为此，国家海洋局出台了“关于扩大内需促进经济平稳较快发展做好服务保障工作”的十项政策措施。其中，第一项政策措施就是“加强海洋功能区划对投资项目的统筹和引导”，解决各行业用海之间矛盾突出的问题，保障国家能源、交通、工业等重大建设项目和重点行业的用海需求，统筹安排好新增投资项目用海的规模和布局，支持具有带动性、关联性、积聚性等乘数效应和边际效益最大化的用海项目，支持海洋经济产业链和产业聚集区的形成，促进海洋产业结构的调整。通过相关措施的落实，全国海洋功能区划有力地支持了国家“保增长、调结构”的宏观调控战略，同时也使国家对海洋功能区划制度发挥更好的宏观调控作用寄予了更高的期望。

但是，现行海洋功能区划难以满足宏观调控的要求。全国海洋功能区划在执行过程中难以发挥其在四级区划体系中的统领性作用，对下级区划缺少约束性控制指标；对涉海行业规划的指导性不强，无法发挥其国家级战略性、基础性规划的作用；填海造地总量缺乏有效的控制指标，对临海产业布局的引导作用有待加强。

6.3 沿海地区工业化和城镇化进程加快

21 世纪是世界工业化和城镇化高度发展的世纪。我国目前的城镇化水平约在 30% 左右，不仅远落后于发达国家，也落后于发展中国家的平均水平，相对滞后于社会经济发展，需要迅速加以提高。随着社会和国民经济的高速发展，进一步加快沿海地区城镇化进程已成为我国尽快实现现代化的必然要求。

6.3.1 沿海地区工业化和城镇化发展现状

改革开放以来，东部沿海地区工业化、城镇化的快速发展，有力地促进了区域经济持续增长和城乡转型发展，我国沿海地区的城镇化进程举世瞩目：我国沿海地区以占全国 13% 的土地、70% 以上大中城市和 40% 以上的人口，创造了 70% 以上的工农业生产总值，是我国现代经济最重要和最集中的地区。进入 21 世纪，我国东部沿海地带的特大城市和大城市人口分别占全国城市人口的 59.81% 和 47.44%；2009 年我国沿海地区城镇化水平进一步提高，城镇人口达到 22 846 万人，占全国城镇人口的 50.11%。作为我国改革开放的窗口，沿海城镇化过程已经结束了大起大落的波动性时期，城镇数量、人口实现了持续增长，进入了中期加速发展阶段，主要表现为以下几个方面。

6.3.1.1 我国沿海都市带已经形成，并成为国家重要的工业化核心区

目前，我国通过沿海铁路、沿海高速公路和航空运输将大连、天津、青岛、上海、宁

波、厦门、福州、广州、深圳、珠海等大型集装箱海港连接起来，形成了规模巨大的、纵贯中国东部沿海的巨型工业化都市连绵区。

6.3.1.2 中小城市工业化、城镇化建设高速发展，小城镇数量增长迅速

中小城镇凭借其进入门槛低、制度障碍小等优点，城镇化水平得到高速发展，但城镇化水平普遍不高，因此未来将有很大的发展潜力。经过20年的发展，沿海地区的城市以外向型加工工业为基础，成为我国暂住人口和流动人口集聚量最大的区域，吸纳的流动人口，主要是以加工业和服务业就业为主，占全国总量的65%左右。

6.3.1.3 中小城镇空间扩展加快，逐步走向区域整体工业化

我国东部沿海地区人口密集，自然条件优越，农业发达，历史上就形成了数量众多的中小城镇。近10年来，在一系列优惠政策作用下，外资、乡镇企业和流动人口成为推动沿海中小城市发展的重要力量，城市用地和人口规模迅速扩展，中小城市数量迅速增加，发展进入了前所未有的“黄金时期”，几乎所有的沿海县市乃至大部分乡镇都设立了各种类型的开发区。

6.3.1.4 大城市已经开始出现人口和工业的郊区化

近年来，城市学界通过在上海、天津、广州、大连、杭州、苏州、常州、无锡等沿海大城市进行研究证实，这些中心城市的建成区范围迅速扩张、各类经济要素的空间扩散趋势逐渐明显、长期制约城乡要素流动的政策壁垒正在逐步收缩、大规模的流动人口成为沟通城乡联系最活跃的因素、各种形式的开发区进一步促进了产业布局的区域扩展，已经出现中心区部分人口和产业向近郊区迁移扩散的郊区化现象，主要表现为人口和工业的郊区化，尚未出现商业和商务的郊区化。

由此可见，近年来我国沿海地区正在形成跨度最长的城市密集地带，一股中国工业化、城镇化发展新风，正从沿海鼓荡开来，沿海地区正打造发展核心城市、带动区域工业化的跨越式发展之路，沿海地区工业化和城镇化水平明显高于内陆地区，已经进入了中期加速发展阶段。

6.3.2 沿海地区工业化和城镇化发展带来的问题

近十年来，我国沿海地区工业化和城镇化取得了巨大的进步，但是当前沿海地区在城镇化方面也面临着诸多问题，这些问题的存在已经影响到沿海地区区域经济潜力的充分发挥和城镇化发展的进一步加快，主要集中在以下几个方面：一是区域性资源和环境危机日益严重。当前我国沿海地区的城镇化发展面临着资源紧缺与资源浪费现象同时并存的严峻考验，从水资源危机到能源紧张，从土地告罄到原材料告急，自南而北，席卷整个沿海地区。二是区域产业结构不合理，急需产业调整和升级。依靠大量消耗国内的自然资源和牺牲环境的方式向全世界提供商品和劳务，不仅使我国经济依赖外部市场的程度加大，而且也容易形成恶性循环，使我国在国际上的分工位置长期锁定在“低端道路”上，不利于可持续发展。这些问题的存在已经影响到沿海地区区域经济潜力的充分发挥和工业化发展的进一步加快。

然而，无论是缓解区域性资源和环境危机还是促进区域产业结构升级，沿海地区的希望都在海洋。新一轮的全国海洋功能区划须根据海域和海岸带的自然属性、结合社会发展的需求划分各功能区，通过规范和引导涉海行业规划，有效解决了海洋资源利用冲突，确定各功能区域的主导功能和功能顺序，科学合理地配置海洋资源，优化海洋产业布局，保护海洋生态环境，规范海洋开发秩序；集约节约用海，为沿海地区工业化和城镇化提供发展空间，实现沿海地区经济又好又快发展和构建协调发展、全面繁荣的和谐家园。

6.4 建设用海需求旺盛亟须加强规范引导

自新中国成立到20世纪90年代中期，沿海地区先后兴起了以围涂晒盐、围垦和养殖为目的的三次大的围海造地高潮，造地面积达到12 000 km^2，平均每年约为230～240 km^2,为沿海盐、农、渔业发展提供了充足的生产空间，取得了显著的经济效益。进入21世纪，沿海地区经济社会持续快速发展的势头不减，城镇建设、临海工业、滨海旅游、港口经济的发展等都产生了强大的临海用地需求，为缓解城镇用地紧张和招商引资发展用地不足的矛盾，全国沿海兴起了第四次围填海造地热潮。2003年我国共填海2 123 hm^2（合计3.2万亩），2004年为5 352 hm^2（8万多亩），2005年为11 662 hm^2（合计17.5万亩），2006年就增加到11 496 hm^2（合计17.2万亩），2010年全年国务院及省级人民政府共批准围填海项目571个，面积达15 560.86 hm^2（合计23.3万亩）。

据统计，未来10年全国围填海需求依然十分旺盛。如在广东省拟定的海洋功能区划中，珠海市填海造地将达约60 km^2，相当于填出2个澳门；河北省曹妃甸工业区规划填海造地多达310 km^2；上海市在最近一轮海洋功能区划修编中，也提出了大规模的围填海造地设想，几乎相当于一座大中型城市用地面积。随着沿海区域发展战略的实施，在沿海地区将呈现出多极带动的国土开发空间格局，经济和人口要素向沿海地区进一步集聚的趋势加快，通过围填海缓解建设用地供需矛盾、减轻耕地保护压力已经成为沿海地区的普遍诉求。据统计，自2006年起全国已有33个区域建设用海规划和20个区域农业用海项目获批，预计到2015年，将有约6.4×10^4 hm^2的工业和城镇建设项目填海需求及超过3×10^4 hm^2的区域农业用海需求。也就是说，总计超过9.4×10^4 hm^2的填海需求已迫在眉睫，这些围填海项目必须通过海洋功能区划的制定和实施加以规范和引导。

2008年下半年以来，国务院相继批准和发布了沿海重点地区的区域发展规划及涉海产业振兴规划，沿海省级人民政府也根据本地区经济社会发展的实际情况，制定和发布了一系列贯彻落实的具体措施。有关规划和具体措施提出了在沿海地区建设一批国家和地方重大建设项目，不仅对海岸和近岸海域的开发利用提出了新的需求，而且也都提出了规模巨大的填海计划和需求。

（1）辽宁省：根据初步统计，辽宁省共有沿海工业园区20个，总规划面积约1 000 km^2，填海需求巨大，仅盘锦船舶工业基地填海需求为56 km^2。

（2）河北省：河北省正在建设的临海工业园区主要有秦皇岛经济技术开发区和曹妃甸循环经济示范区两个国家级工业园区、沧州渤海新区省级工业园区和乐亭临港工业园区市级工业园区。秦皇岛经济技术开发区填海约7 km^2，主要产业为机电、生物工程、新材料、新能源、信息产业；曹妃甸循环经济示范区位于唐山港曹妃甸港区，规划面积380 km^2，填海约310 km^2，主要产业为港口物流、钢铁、石化、装备制造；沧州渤海新区规划面积约33 km^2，填海面积约2 km^2；主要发展港口物流、石化、装备制造、钢铁等产业；乐亭临港工业园区规划面积49.5 km^2，填海面积40.7 km^2，主要发展钢铁、制造、能源和物流产业。

（3）天津市：天津市正朝中国北方最大的综合型临海工业基地的方向发展。一是天津港的大型项目，巩固其北方航运中心的地位；二是天津滨海新区已经启动临港工业区建设和临港产业区建设，填海约超过130 km^2，主要产业方向为物流、化工、重装备制造、港口、高新产业和机械制造；三是天津滨海新区南港工业区建设，预计填海约200 km^2，主要产业定位和方向为石油化工、装备制造和现代物流。

（4）山东省：山东半岛现代海洋经济区主要包括“一中心、五大板块”，即以青岛港为龙头的东北亚和黄河流域航运中心；以半岛制造业基地、省会城市经济圈、半岛海洋经济区、黄河三角洲生态高效经济区、鲁南经济带组成的五大区域板块。依据《山东半岛蓝色经济区发展规划》，山东省规划按照“四点、四区、一带”布局本区，即加快东营、滨州、潍坊、莱州四个港口建设，重点规划建设四大临港产业区（东营临港产业区域、滨州临港产业区域、潍坊沿海开发区域、莱州临港产业区域），形成北部沿海经济带，初步规划面积约4 400 km^2，建成全省的生态产业基地、新能源基地和全国的循环经济示范基地，计划填海超过100 km^2。同时，围绕建设蓝色半岛经济区，计划未来在莱州湾、渤海湾分别集约填海建设约30 km^2 的滨海新区，集中建设国内超大型能源及化工基地；在海阳市近岸海域集约填海，形成一个超过30 km^2 的人工岛，建设面向日、韩的大型经济自由贸易区。

（5）上海市：上海临海工业园区主要是以现代物流为主要产业的临港物流园区，金山、宝山及浦东新区，在未来将成为我国和亚洲甚至世界最大的综合型临海工业基地。上海市在最近一轮的规划中，提出了超过300 km^2 的围填海造地设想，相当于一座大中型城市用地面积。

（6）浙江省：根据初步统计，浙江省共有沿海工业园区21个，总规划面积超过700 km^2，占用岸线长度超过80 km，其中国家级园区4个，省级园区13个，市级园区4个。共有8个工业园区涉及填海，累计填海面积为60.1 km^2。从园区的产业方向看，宁波市沿海工业园区的产业较为综合，包括石化、机械、光电、物流、服装等；舟山市沿海工业园区的产业以船舶修造为主；台州市沿海工业园区的产业以医药化工为主；温州市沿海工业园区的产业以电子电器、服装为主。

（7）福建省：2009年，国务院通过《关于支持福建省加快建设海峡西岸经济区的若干意见》，这是国务院首次出台政策明确支持海峡西岸经济区发展。《意见》明确提出：建设现代化海洋产业开发基地。充分利用海洋资源优势，推进临港工业、海洋渔业、海洋新兴产业等加快发展。坚持高起点规划、高标准建设，将沿海港口作为大型装备制造业项目布局的备选基地，合理布局发展临港工业。以厦门湾、湄洲湾等为依托，建设以石化、船舶修造等为重点的临港工业集中区，成为带动区域经济发展的新增长点。目前福建沿海有国家级开发区 10 个，省级以上开发区 29 个，规划建设面积超过 700 km^2，其中有相当大的面积需要通过围填海获取发展空间。

（8）广东省：《珠江三角洲地区改革发展规划纲要》明确的重大基础设施和项目中，涉及用海的：8 个示范区中有 3 个，11 个开发新区中有 4 个，42 个重要基地中有 16 个，63 个重大项目中有 15 个。从目前的布局来看，珠三角已经形成惠州——重化工型临海工业基地、广州——综合型临海工业基地、深圳——轻加工型临海工业基地相配套的大格局，加之粤西湛江的深水港口和临海工业发展，老石化基地茂名向海边发展转移并将与湛江逐渐一体化。

（9）广西壮族自治区：《广西北部湾经济区发展规划》确定临海重化工业集中区有三个，即钦州港工业区、企沙工业区和铁山港工业区，规划到 2010 年三个工业区总体建设面积 50 km^2，到 2020 年总体建设面积 86 km^2。其中铁山港工业区近期规划建设面积 20 km^2。

（10）海南省：海南正从产业与空间上调整工业发展重点，根据中央提出的“工业主要集中在洋浦”的方针，利用海南岛丰富的资源，洋浦已经建成深水良港群和中国最年轻的临海工业新城。洋浦经济开发区主要发展石油化工、石油储备、浆纸加工等产业，规划面积 30 km^2。

可以看出，目前，我国沿海各省市都把建立和发展临海工业园区、基地作为本地区产业结构调整、经济技术实力登上一个新台阶和率先实现现代化的战略举措。我国工业向滨海聚集的趋势加剧，对海洋空间资源的需求日益增大，对海洋生态环境造成巨大压力，各临海（港）产业用海需求矛盾日益尖锐。我国临海型工业园区建设的主要特点是以老牌贸易大港为依托，跟港口航运区衔接比较紧密，在进行临海工业园区设计和规划时，优先考虑港口的发展。科学确定围填海规模和发展速度，成为新一轮海洋功能区划提出的重要调整内容之一。

6.5　海洋生态环境问题形势不容乐观

我国海域地处在中、低纬度地带，横跨 38 个纬度，3 个温度带，珊瑚礁生态系、红树林生态系、河口生态系等具有独特的生态特征，自然环境和资源条件比较优越。但是中国经济发展近 30 年来基本上沿袭了以规模扩张为主的外延式增长模式，加之由于海洋生态环境的脆弱性和地区发展的不均衡，人口过度增长、发展模式和某些政策不当等原因，造成我国海洋生态环境较为严重的破坏，使得近海生态环境受到较为严重威胁，海洋环境保护形势不容乐观。

2004 年，国家海洋局组织沿海省（自治区、直辖市）在我国近岸海域部分生态脆弱区和敏感区建立生态监控区（2004 年为 15 个，2005 年增加了锦州湾、北仑河口、西沙珊瑚礁 3 个），主要生态类型包括海湾、河口、滨海湿地、珊瑚礁、红树林和海草床等典型生态系统。监控内容包括环境质量、生物群落结构、产卵场功能以及开发活动的影响等。

多年来对生态监控区的监测结果统计表明：我国海洋生态监控区内，生态系统大多数处于亚健康状态，2010 年不健康和亚健康生态监控区面积总和占到 90% 左右，且从变化趋势来看，其生态系统改善缓慢，多数处于基本稳定状态，海洋生态系统受外来压力仍未明显减轻，海洋生态环境恶化情况还很严峻。

总体而言，我国近岸海域生态系统健康状况恶化的趋势尚未得到有效缓解。我国海湾、河口及滨海湿地生态系统存在的主要生态问题是富营养化及氮磷比失衡、环境污染、生境丧失或改变、生物群落结构异常和河口产卵场退化等。主要影响因素是陆源污染物排海、围填海活动侵占海洋生境、生物资源过度开发。我国的海洋生态与环境问题表现出显著的系统性、区域性、复合性和长期性特征。与 10 年前相比，海洋生态环境问题无论在类型、规模、结构，还是性质上都发生了变化，这不仅仅是排污总量的增加和生态环境破坏范围扩大，而是问题变得更加复杂，威胁和风险更加巨大，对生态系统、人体健康、经济发展、社会稳定乃至国家安全的影响更加深远。

随着城市化水平的提高，沿海城乡居民对生活环境质量提高的要求显著增强，清洁、健康、优美的海洋生态环境已成为改善人民生活质量的新标准。为实现这一目标，全国海洋功能区划必须按照全新的评判标准和以人为本的理念，开展编制和实施工作。

6.6 重大海洋灾害和海上污染事故频发

我国目前是世界上海洋灾害最为严重的国家之一，每年由风暴潮、赤潮、巨浪、海冰、溢油、海岸侵蚀等引发的海洋灾害频繁发生，造成的经济损失和人员伤亡相当严重。随着海洋经济的迅速发展，海洋灾害已成为制约我国海洋经济持续稳定发展的重要因素。根据国家公布的数据，近年来从整体上看我国重大海洋灾害和海上污染事故造成的损失呈上升趋势，并呈现以下特点。

6.6.1 海洋灾害风险特征改变

近年来，全球变化和经济全球化、特别是中国东部沿海地区的经济高速发展与快速城镇化，已经使我国海洋灾害的风险特征发生了明显的改变。海洋灾害频次上升，直接经济损失呈现下降趋势（2005 年除外。2005 年，我国海洋灾害频发，影响范围广，沿海地区全部受灾，造成经济损失为 1949 年以来最严重的一年），海岸带工程性防灾减灾措施收到明显效果。从过去 7 年来海洋灾害的灾次来看，中国海洋灾害发生的次数是在增加的，其中，上升最为明显的是赤潮灾害，其次则是海浪灾害，风暴潮灾害灾次略有上升。从直接经济损失来看，在各种海洋灾害造成的损失中，以风暴潮灾害造成的直接经济损失所占比重最大，平均达到 90% 以上。20 世纪 90 年代中后期，中国在减轻海洋灾害的工程性减灾措施方面采取了多项行动。截止到 20 世纪末，中国共拥有高标准海塘近万千米，规划建设中的海塘超过 5 000 km。这些工程性措施在抵御近岸或登陆型的台风、风暴潮、海浪等海洋灾害的过程中发挥了关键的作用。但是，随着海域利用活动不断上升、海岸带经济密度持续增大，承灾体对海洋灾害风险的暴露增大；海洋灾害潜在风险仍然趋高。中国海洋经济从2000年的4 133.5亿元上升到2010年的38 439亿元，增长了9倍多。伴随着海洋经济的快速增长，海岸带及海洋对海洋自然致灾因子的风险暴露必然增加。与2001—2005年相比，2006—2010年海洋灾害直接经济损失增加了18%，死亡（含失踪）人数减少了11%。

6.6.2 海上溢油等突发事件不断增加

1989—2007年，中国海域发生溢油事件达90余次，较大的溢油事故60余次。2003年我国统计到的5起溢油事件，直接经济损失1 670万元。2003年4月4日，海南省三亚附近，广东“沙河口”号船在施工过程中沉没溢油，持续溢油3天，成灾面积1 km^2；2004年统计到海上溢油事件5起。2004年12月7日，巴拿马籍集装箱船和德国籍集装箱船在珠江口发生碰撞，其中德国籍船燃油舱破损，约1 200 t燃油溢漏，8日中午在海上形成了长9 n mile、宽200 m的油带，造成我国近年来较大的一次海洋污染事故。2005年我国统计到8起溢油事件。比较严重的一次是2005年4月20日，“金太隆2”号船在福建省晋江围头湾东南方7.8 n mile处发生碰撞，约380 t油品溢出。2010年7月，中石油大连新港石油储备库输油管道发生爆炸，大量原油泄漏入海，导致大连湾、大窑湾和小窑湾等局部海域受到严重污染，对泊石湾、金石滩和棒棰岛等10余个海水浴场和滨海旅游景区，三山岛海珍品资源增殖自然保护区、老偏岛—玉皇顶海洋生态自然保护区和金石滩海滨地貌自然保护区等敏感海洋功能区产生影响。2011年“蓬莱19－3”海上溢油，一方面直接污染海水，另一方面漂浮在海面的油体阻挡了海洋与大气之间的物质和能量交换，造成海水沙漠化，使海洋生物窒息死亡。海上作业和航行过程中的溢油，一方面直接污染海水，另一方面漂浮在海面的油体，阻挡了“海—气”之间的交换，造成海域的“沙漠化”，使海洋生物窒息死亡。

由此可见，我国的海洋防灾减灾建设和海上重大污染事故应急处置能力还不能适应沿海和海洋经济发展对减轻海洋灾害和重大突发事件危害的需求。海洋及海岸灾害的人员伤亡并没有降到最低限度，海岸带经济密度过大，近海及海岸带不少地区灾害脆弱性和风险度正在加大，海岸带经济发展与海洋环境、海洋减灾没有得到平衡，海洋灾害经济损失增长势头也没有得到有效遏制。因此，通过全国海洋功能区划规范人类活动、协调海洋资源利用与海洋灾害综合减灾、进行海岸带及近海海域综合治理已成为未来中国海洋灾害及海域管理的核心问题，且任重道远。

6.7 国家海洋权益维护形势日益严峻

21世纪是海洋世纪，在全球范围内大规模开发、利用、争夺海洋资源是这个时代的主题。十六大提出的“实施海洋开发”正是在这样的时代背景下作出的一项重大战略决策。我国要赶上世界发展的潮流就必须全面实施海洋开发战略，建设海上强国，有效地维护国家海洋权益。我国的海洋权益既包括我国在内水、领海、专属经济区、大陆架等国家管辖海域范围内享有的领土主权、管制权、管辖权等权利及其派生的在海洋开发、利用、科研、环保等方面的一系列权力和利益，也包括我国在“国际海底”、公海、极地等国家管辖海域范围以外享有的各种海洋权利和利益。

我国的海洋权益在政治、经济、资源等各方面都面临许多争端。在利用海洋的过程中，国家之间由于利益的不同，或由于对国际法的解释和适用的不同而经常发生冲突。这些冲突形成国际争端，在一定情况下，甚至会导致战争。而随着科学技术的发展，人类利用海洋的规模，无论在广度还是深度上，都有了急剧扩大，可能引起国际争端的因素越来越多。海洋争端的发生，有越来越频繁的趋势。我国海上邻国众多，且均积极响应《联合国海洋法公约》规定的200海里专属经济区制度，导致我国部分海域权利主张与其他国家重叠，海洋权益争端日益增多。

按照《联合国海洋法公约》的规定，中国管辖的海域面积为300×10^4 km^2左右。但是，在这些海域内，不少区域和海上邻国存在矛盾和争议，我国的海洋权益正受到严峻的挑战。我国与周边国家的海洋权益争端主要集中在海洋政治权益与海洋经济权益这两方面。海洋经济权益是伴随海洋政治权益而产生的，因此我国与周边国家的争端主要集中在专属经济区和大陆架的划分问题以及岛屿归属问题方面。在黄海，总面积约38×10^4 km^2的海域中应划归中国管辖的有25×10^4 km^2，中国与朝鲜和韩国存在着18×10^4 km^2的争议海区；在东海，日本与中国有16×10^4 km^2、韩国与中国有18×10^4 km^2的争议地区；在南海，海洋权益斗争更为复杂，随着1982年《海洋法公约》的制定，国家管辖范围内的海域明显扩大，南沙的周围邻国纷纷觊觎南沙群岛，悍然侵占南海海域。截至目前，越南已占据了21个岛礁，菲律宾占了8个，马来西亚占了3个，文莱和印度尼西亚也对我国南海的岛礁提出领土要求，我国海洋权益维护形势严峻。

《全国海洋功能区划》的范围包括我国管辖的内水、领海、毗连区、专属经济区、大陆架及其他水域（香港、台湾省毗邻的海域除外），这是目前唯一一个全覆盖我国主张管辖海域的国家级规划，区划从海洋开发的角度，以国务院文件的形式向世界宣示了我国对钓鱼岛周边海域、西沙、南沙等海域的管辖权。全国海洋功能区划明确了我国管辖海域的全部范围，界定争议海域的功能。通过区划，为我国海洋资源开发利用管理以及相关执法队伍的巡航执法范围提供依据；同时充分体现了我国对全部海域的管辖权，维护了我国海洋权益。

综上所述，今后一个时期，是我国全面建设小康社会的关键时期，也是深化改革开发，加快经济发展方式转变的攻坚时期，随着工业化、城镇化和国际化进程持续加快，石油化工、船舶、钢铁、能源等重化工工业进一步向沿海地区聚集，沿海地区城镇和港口建设规模不断加大，建设用海需求旺盛，促进海洋渔业发展、稳定海水养殖面积、维护渔民权益任务艰巨，海水利用、可再生能源开发等新兴产业快速发展，对海域使用提出了新要求。随着沿海地区人口的增加和城镇化进程的加快，海洋生态环境承受压力加大，海洋生态灾害和环境突发事件持续增多，防灾减灾和处置重大海上污染事件的形势严峻；沿海地区居民对清洁、优美海洋生活空间的要求不断提高，对沿海危险化学品项目和核电站安全高度关注，海洋环境保护和海洋生态文明建设任务繁重；日益复杂的国际环境使我国专属经济区和大陆架海域开发受到错综复杂的海洋权益斗争影响，我国海洋权益维护形势日益严峻。科学编制和严格实施海洋功能区划，对加强海域使用管理和海洋环境保护、合理开发利用海洋资源、有效化解经济发展与资源环境矛盾、加强维护国家海洋权益都具有重要意义。因此，作为规范我国海洋开发利用活动的全国海洋功能区划制度在开拓发展空间，保障资源供给，保护生态环境和人民生命财产安全等方面被寄予了前所未有的责任和希望。

7　海洋功能区划评价结论及新区划建议

7.1　海洋功能区划评价结论

上一轮海洋功能区划是新中国成立以来实施的海洋国土空间方面最重要的一个规划，该规划较为科学的划分了海洋空间功能，实现了海洋空间利用的有序和有度，遏制了环境恶化的趋势，在服务海洋经济特别是重大建设项目方面，发挥了重要作用。

7.1.1　保障了海洋产业用海需求，海洋经济发展势头良好

海洋经济生产总值大幅增加，海洋经济产业结构趋于合理化，海洋经济吸纳劳动力的能力增强（图 7.1，图 7.2）。

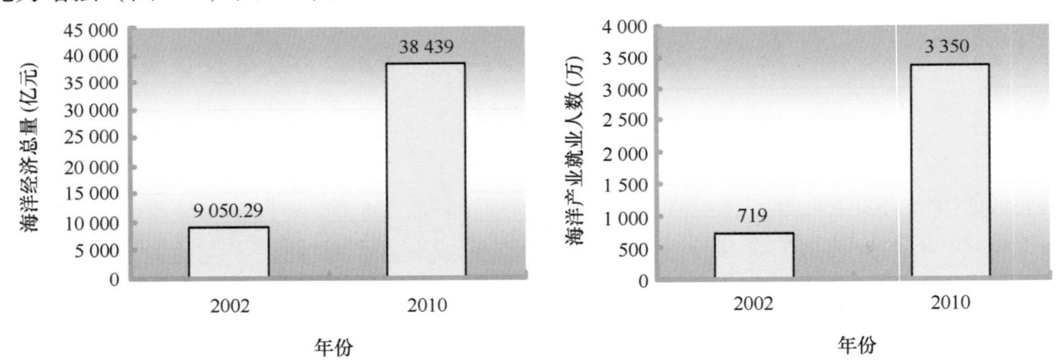

图 7.1　2002 年与 2010 年海洋经济总量与吸纳劳动力情况对比

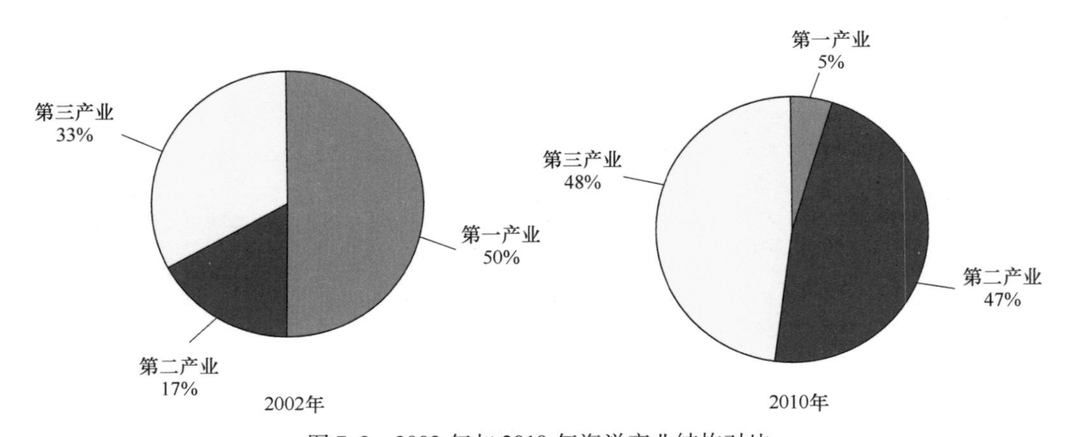

图 7.2　2002 年与 2010 年海洋产业结构对比

7.1.2 规范了海域开发秩序，海域开发利用基本符合功能区划

沿海各级政府在海域使用审批时把项目用海是否符合海洋功能区划作为首要条件进行严格审核，历年的海域使用执法检查中发现的违法用海中，不符合海洋功能区划的比例较少。

7.1.3 遏制了海洋生态恶化的趋势，海洋环境质量基本稳定

海洋功能区划实施以来，海洋环境压力越来越大，但监控结果显示，海洋生态环境并没有恶化，部分环境指标还有明显改善。

水质：各类污染水质面积没有明显扩大趋势，其中污染水质总面积、二类、三类水质面积 2010 年均比 2000 年有所减少（图 7.3）。

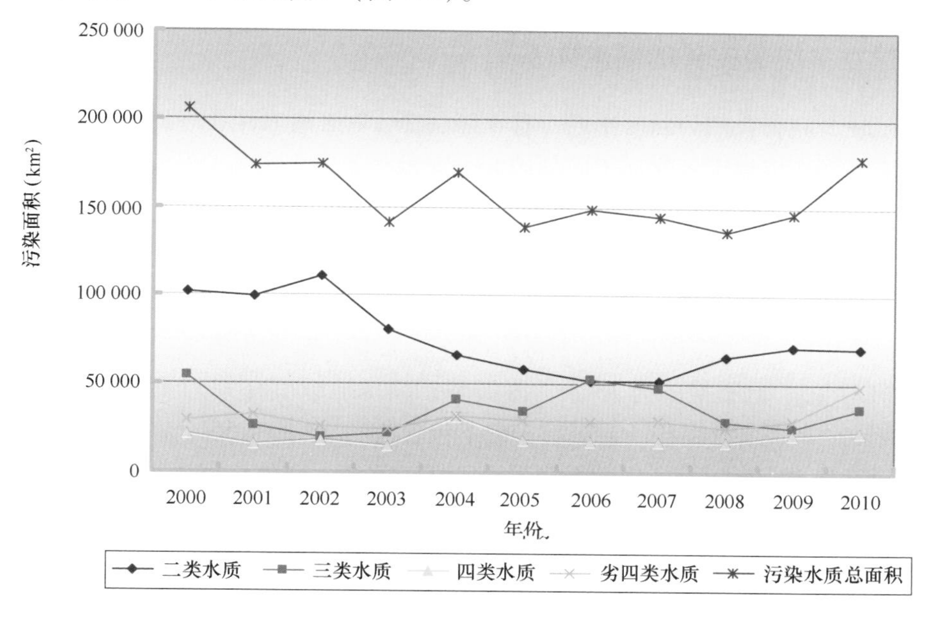

图 7.3 2000 - 2010 年各类水质区面积分布趋势

生态系统：近岸海域生态系统基本稳定，但生态系统健康状况恶化的趋势没有得到有效缓解，大部分海湾、河口、滨海湿地等近岸典型生态系统处于亚健康状态。

保护区：保护区建设取得了较大成果，保护区数量和面积均有大幅提高（见图 7.4）。

7.1.4 重点功能区在省级区划中基本得到落实

全国海洋功能区划设置的重点功能区在省级区划中得到了较好的落实。341 个功能区在省级区划中落实 305 个，占功能区总数量的 89.4%。

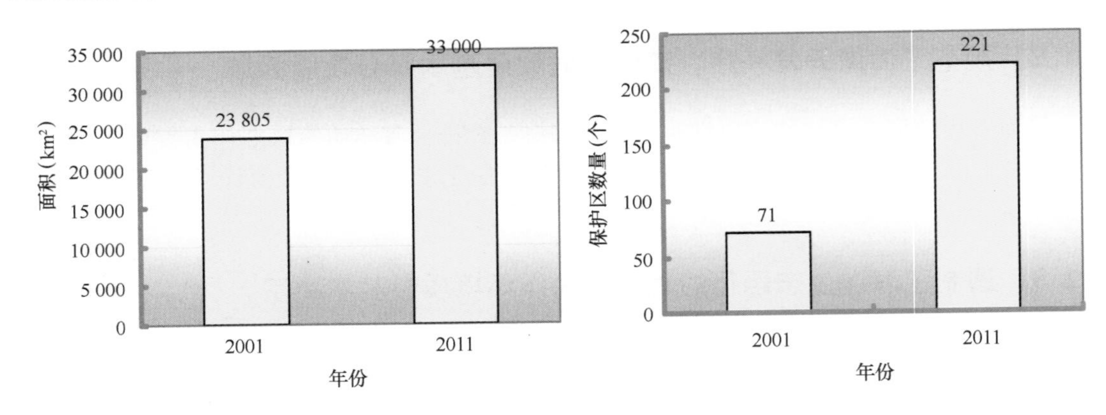

图 7.4 2001 年与 2010 年海洋保护区数量与面积对比

7.1.5 建立了较为完善的制度体系

建立了较为完善合理的制度体系，有 4 部法律、7 部地方性法规以及多个规范性文件对海洋功能区划作出规定，建立了区划编制—审批—备案—实施—监督检查—评估、修改（修编）等完善的配套制度体系。

7.1.6 建立了全国、省、市、县四级海洋功能区划编制体系

沿海已有 10 个省级海洋功能区划得到国务院批准；49 个沿海地级市中（不含浙江省杭州市、绍兴市），已批准的为 36 个，占 73%；其他地级市有 11 个已编制完成，有 2 个尚未完成编制；113 个沿海县（县级市，但不包含区），已批准 55 个，占 49%。江苏、浙江、福建三省基本完成市县区划的编制报批工作。此外，部分省市还编制了市辖区、重点海域的功能区划，四级海洋功能区划体系已基本形成。

7.1.7 技术体系建设取得较大进展

在队伍建设方面，成立了国家海洋功能区划委员会，审核公布了 39 家海洋功能区划编制技术单位，进行了两次编制技术培训。在信息管理系统建设方面，开展了海洋功能区划备案工作，建立了海洋功能区划数据库，启动了海域使用动态监视监测系统建设。

7.2 新一轮海洋功能区划建议

7.2.1 加强理论研究，对区划层级、分类等理论进行创新和改造

我国从 1989 年启动第一次全国海洋功能区划工作开始，到 2002 年国务院批准《全国海洋功能区划》至今历经 20 余年，海洋功能区划的理论和方法体系得到不断发展与完善，

但是随着海洋开发新形势的发展，对海洋功能区划的理论提出了更高的要求，需要继续加强区划理论体系的研究，吸收海域管理方面最新的研究成果，对海洋功能区划编制的思想方法和海洋功能区划的结构体系进行创新，完善区划的分级分类体系，实现区划的科学编制。

7.2.1.1 调整区划分级体系，进一步明确各层级任务

上一轮区划中，我国海洋功能区划层级分为国家、省（自治区、直辖市）、市（地）和县（市）四级。下级区划依据上级区划编制，是上级区划的具体落实，是一个下级体现上级要求，逐级细化的过程。但在实际工作中，省（自治区、直辖市）、市（地）和县（市）三级区划在内容和形式上基本一致，对海洋功能区划的描述方式也基本相同，反映不出宏观区划和微观区划的特点。为体现海洋功能区划的科学性和层次性，加强功能区划在各层级海域管理实施的可操作性，建议本次区划修编时对分级体系进行调整，并进一步明确区划的层级关系和各级区划的主要任务。全国区划以制定总体目标、管理措施为主，起宏观指导作用，省级海洋功能区划要落实全国海洋功能区划确定的各项目标和任务，重点制定管理海域内各区域的发展战略和一级类功能区的布局。市（地）和县（市）级海洋功能区划要通过二级类功能区划分，将全国海洋功能区划和省级区划确定的目标、任务落实到具体海域。

7.2.1.2 调整分类体系

现行的海洋功能区划分类体系为“10 个一级类、33 个二级类”。通过对现行海洋功能区划的实施情况评估和区划编制实践发现，该分类体系中的类别过于接近用海现状类型或用海方式，且类型交叉重叠，缺乏内在衔接呼应和管理约束力，难以适应社会经济快速健康发展需求和海洋环境保护的要求，容易造成海洋功能区划管理工作的被动和滞后。为完善海洋功能区划制度，提高海域使用管理效率，建议在本轮海洋功能区划编制中对分类体系进行调整，将分类体系调整为“8 个一级类、22 个二级类”。具体调整建议及理由如下：

（1）现行分类体系把农业围垦区隐含在养殖区，不能充分的体现围垦用海活动对海洋生态系统和海域自然属性改变的特点，容易引起海域管理工作的无章可循，甚至盲目管理。建议将“渔业资源利用和养护区”更名为“农渔业区”，新增二级类“农业围垦区”。

（2）工业与城镇区一般在海域空间上具有一定的集聚性，且不具有典型的海域生态系统，宜作为单独的海洋功能区。建议新增一级类“工业与城镇建设区”，包括二级类“工业建设区”和“城镇建设区”。

（3）现行分类体系过于注重细节，建议将一级类“矿产资源利用区”、“海水资源利用区”和“海洋能利用区”合并成“矿产与能源区”，“海洋能利用区”扩展内涵后作为二级类“可再生能源区”；删除现行二级类“其他矿产区”，并将“特殊工业用水区”和“一般工业用水区”纳入新的“工业建设区”。

（4）现行分类体系中的度假旅游区，其内涵存在一定的局限性，体现不了海洋旅游的海岸、海岛、水面以及水下的特点。建议将“旅游区”更名为“旅游娱乐区”，其中的“度假旅游区”更名为“文体娱乐区”。

（5）现行分类体系中的海底电缆管线、路桥隧道、海水综合利用、污水排放、海上倾倒等功能是用海活动的附属功能而不属于海域自身功能范畴，且用海行为动态多变。为了避免因此导致的功能区划频繁调整，且无法管理。建议撤销一级类“工程用海区”，原来纳入其中的海底管线、跨海桥梁、海岸防护工程和其他工程等用海，原则上仅作为现状反映在海洋功能区划图件中，不再设专门的功能区，若确实排他使用海域、需要设立专门功能区的，归入“特殊利用区”中新设的“其他特殊利用区”；原有的“石油平台区”纳入新的“油气区”；原有的“围海造地区”被撤销。

（6）现行分类体系中排污功能区，是根据环境管理要求选划的，不具备功能特质，应由国家和地方环境管理的相关法规调节控制，而不属于功能区划的范畴。另外，排污口的设置多变，缺乏实际的可操作性。建议将“特殊利用区”中原有的“科学研究试验区”，根据研究领域和内容归入相应的功能区；原来纳入其中的排污区和倾倒区等用海，原则上仅作为现状反映在海洋功能区划图件中，不再设专门的功能区，若确实排他使用海域、需要设立专门功能区的，归入“特殊利用区”中新设的“其他特殊利用区”。

（7）建议调整“保留区”内涵。现行分类体系中的保留区指“目前尚未开发利用，在区划期间也不宜开发利用的区域”，该定义模糊，且规定过于机械，与海域开发利用的动态性不符。

7.2.2 增强自上而下的控制，建立及强化指标应用

现行区划编制时，对海洋经济的前瞻性和对海域管理形势的估计不足，没有进行指标控制，致使全国区划的指导性和控制性作用发挥不足。新一轮区划编制时，应巩固海洋功能区划的统领地位，强化海洋功能区划自上而下的控制，建立及强化指标的应用。全国海洋功能区划应确定国家重要资源和重点海域的开发利用方向，提出围填海、保护区、养殖区等区划目标，以及污染物排放总量等控制性指标或要求，指导各省区划的编制，为海域使用管理和海洋环境保护的宏观决策提供科学依据。省和市县级海洋功能区划的编制和修改不得突破围填海、保护区、养殖区等保有量指标。在海洋环境保护方面，建议除设置保护区目标外，还可提出海域综合整治修复目标，对由于开发利用造成的自然景观受损严重、生态功能退化、防灾能力减弱，以及利用效率低下的海域海岸带进行整治修复。

7.2.3 完善各类海洋功能区的管理措施

目前的海洋功能区划对功能区的管理要求是原则性规定，缺少规范性，导致在区划实施过程的可操作性不强，对功能区的管理只能简单的判断用海类型是否符合海洋功能区划。新一轮区划编制时，应完善和强化各功能区具体管理措施，对功能区的海域使用、环境质量监督、功能区运行保障与维护整治等做出详细规定和说明，在区划登记表中细化各功能区的海域使用空间调整、功能区环境整治修复、自然岸线保护等具有实际操作性的措施。

7.2.4 加强海洋功能区划的实施管理和监督检查，提高综合管控能力

现行区划中缺少海洋功能区划的监督检查机制和约束性指标，出现了部分打擦边球的用海行为，违反区划审批项目用海的现象依然存在，对涉海行业规划的指导性不强，无法发挥其国家级战略性、基础性规划的作用，区划参与宏观调控的能力较弱。本轮区划编制时，建议加强对海洋功能区划的实施和监督检查的综合管控能力，建立覆盖全海域的统一协调的海洋综合管控体系，对海洋开发利用和海洋环境保护情况进行全面监视监测、分析评价和监督检查。建立和完善国家、省、市、县四级海域动态监管体系，对海岸线、海湾、河口海域及海岛的自然属性变化，及海域使用现状变化情况进行动态监视监测，提高发现资源环境重大变化和违规开发问题的反应能力及精确度。加强海洋行政执法，通过日常监管和执法检查，整顿和规范海域使用管理秩序。

7.2.5 加强陆海统筹，强化对陆源污染物和围填海的管理

为落实“十二五”规划纲要提出的推进海洋经济发展，坚持陆海统筹，提高海洋开发、控制、综合管理能力的要求，新一轮海洋功能区划编制，应充分考虑陆地空间与海洋空间的关联性，以及海洋系统的相对独立性，统筹协调陆地与海洋的开发利用和保护，做好陆地开发保护与海洋开发保护的衔接。建议：

（1）加强海洋功能区划与相关规划的相互衔接。落实沿海区域发展的战略，国民经济和社会发展“十二五”规划要求，做好与土地利用总体规划、城乡规划以及旅游、港口、防洪、湿地保护与恢复、防护林建设等相关规划的相互衔接。

（2）控制陆源污染。统筹考虑海洋环境保护与陆源污染防治，控制污染物排海，改善海洋生态环境，维护河口、海湾、海岛、滨海湿地等海洋生态系统安全。

（3）加强围填海形成土地的管理。对围填海的管理，海洋部门与国土部门要做好衔接，按照海域法的要求换发土地证。建设项目同时涉及占用陆域和海域的，国土资源主管部门和海洋主管部门应相互征求意见，核定用地和用海规模，提高海域集约利用水平。城乡规划行政主管部门对围填海形成土地上的建设项目颁发规划许可证时，应当征求海洋行政主管部门的意见。

7.2.6 加强海洋功能区划管理的立法

海洋功能区划制度是《海域使用管理法》和《海洋环境保护法》确立的海域管理的一项基本制度，为了落实该制度，国务院2003年批准了《省级海洋功能区划审批办法》，国家海洋局于2007年发布了《海洋功能区划管理规定》以及其他一系列的规范性文件。但这些制度和规范性文件仍然难以适应海洋功能区划工作的要求，原因是海洋功能区划是一项综合性很强的工作，涉及交通、环保、渔业等多个部门和行业，《海洋功能区划管理规定》法律效力较低，难以发挥在部门之间的协调作用，无法保障国务院批准的全国和省级海洋功能区划各项制度的落实。此外，还存在个别地方不按照海洋功能区划批准和使用

海域、频繁修改海洋功能区划、监督检查力度不够、违法责任不明确等问题。通过更高层次的法规可以有效解决这些问题。

海洋功能区划于20世纪90年代初期被纳入海洋行政管理的基本职责至今，该制度已实施了近20年。《海域使用管理法》颁布后，地方各级政府都加快了区划的编制和报批工作，建立了四级区划体系，国家海洋局和部分地方海洋行政主管部门先后出台了有关海洋功能区划的规范性文件，为海洋功能区划编制、修改、评估、监督检查等各项制度的制定和实施提供了经验，《海洋功能区划管理条例》立法条件已经成熟。

附件1　各省（市、自治区）海洋功能区划调研中反映的问题

一、辽宁省

（一）海洋功能区划编制报批时间过长

辽宁省及沿海市县海洋功能区划自1999年开始编制，2000年基本完成了辽宁省及沿海各市县区划编制，并对沿海六市海洋功能区划进行了评审验收，2002年《全国海洋功能区划》发布后，又按照新的十类二级体系对海洋功能区划进行重新调整报批，辽宁省海洋功能区划于2004年获得国务院批复，沿海各市海洋功能区划均在此后两年经省政府批准实施，第一轮海洋功能区划编制报批时间过长，导致地方在海洋功能区划实施过程中均暂依据未批准的海洋功能区划成果，影响了海洋功能区划法律地位的严肃性。此外，由于海洋自然环境与社会条件的迅速发展，也使批准实施的海洋功能区划在一些环境经济条件变化区域适宜性不足，批准后即面临修改或修编的难题。同时省、市、县级海洋功能区划编制审批时间不同，客观上也造成了上下级海洋功能区划不一致的情况，在海域管理的法规依据方面出现矛盾。

（二）海洋功能区划对社会经济发展的预期不足

区划编制对沿海社会经济发展的预期不足，临海临港工业、港口、城镇建设、海洋综合利用、海洋能源等产业用海空间预留不够，在目前海洋开发急速扩展的形势下，局部建设用海项目须调整与修改海洋功能区划。尤其是近几年辽宁省沿海经济带开放开发战略实施后，长兴岛临港工业区、锦州湾工业区、盘锦等区域建设用海均须调整海洋功能区划。

（三）沿海地方政府对海洋功能区划的法律地位认识不足

在辽宁省五点一线沿海经济带开发过程中，建设用海项目迅速增长，其中不符合海洋功能区划项目用海，项目建设方或地方政府均提出修改海洋功能区划的申请，而较少从海洋生态环境和社会经济综合效益考虑，进行重新选址，海洋行政主管部门的工作难度显著加大。

（四）海洋功能区划的层级体系不明晰

目前海洋功能区划体系包括国家、省、市、县四级，全国海洋功能区划是宏观控制性区划，而在具体的海洋管理实践中执行的是省、市、县级海洋功能区划，目前省、市、县海洋功能区划的编制内容体系相同，不同层级区划间存在功能区设置差异时，海域管理中依据哪一级的区划就出现矛盾。

（五）海洋功能区的环境质量管理要求不适宜

目前的海洋功能区环境质量管理要求是以海洋功能区分类体系为基础设置，功能区间缺少必要的缓冲区，在环境质量要求低的功能区周边出现环境质量要求高的功能区时，环境质量管理目标较难实现。此外简单地以水质、底质、生物质量要求进行海洋功能区环境质量管理不能满足海洋生态环境保护的需要，对用海方式、生态系统保护、景观维护、岸线利用等均应有相应控制措施。

（六）海洋功能区划的实施措施不强

目前的海洋功能区划实施措施和功能区管理要求一般是原则性技术规定，缺少有针对性的实施细则和监督检查机制，功能区管理要求缺少规范性，从而导致在区划实施过程的可操作性不强，对功能区的管理只能简单的判断用海类型是否符合海洋功能区划。

（七）海洋功能区划的适应性不足

由于海洋功能区划分类体系中的一些分类过细（如渔港区等）、区划层级体系不明晰、区划编制水平不足、功能区缺少兼容性等原因，致使海洋功能区划难以适应社会经济和海洋环境条件的发展变化需要，修改修编海洋功能区划过多，又导致区划实施困难。

二、河北省

（一）省、市、县三级海洋功能区划分级不明确

根据《海洋功能区划技术导则》，省级海洋功能区划和市、县级海洋功能区划的功能区都划分到二级类，这就造成内容上省、市、县功能区划基本雷同，省级海洋功能区划划分过细。一是不利于宏观调控；二是划分到功能区二级类，就目前海域管理中划分的用海方式和类型，省级海洋功能区划已经满足海域管理的需要，造成市县编制积极性不高。

（二）海洋功能区划修改报批方式单一、程序复杂

由于省级海洋功能区划细化到具体功能区，每个功能区又都有具体的位置、范围。在实施过程中，拟建项目经常因为选址位置局部与功能区划不相符，而导致海洋部门不能办理审批手续。根据国家规定，凡是省级海洋功能区划的修改，不管是功能区位置的微调、功能区功能的局部改变或者整体改变等，虽然重要程度不同，但都要经过复杂的程序，报国务院审批，修改报批方式单一。这在实际管理过程中，往往会影响项目的建设进度，影响当地经济发展。

（三）海域使用分类体系混乱

一是分类体系过多。目前，海域管理中存在着海洋功能区划技术导则分类体系（由于新导则不再有重叠功能划分，导致每个具体海域基本上只划分了一两种功能，这实质上是变相确定了海域利用方式）、海域使用分类体系（国海管字［2008］273号）、海域使用统计报表、海域有偿使用统计报表（财综［2007］10号）等4种以上用海类型划分，在管理中，到底依据哪一种类型对海域进行划分才是最经济、最合理的划分方法，显然还没有

统一的标准，也严重影响了对海洋功能区划的科学使用。

二是互相之间关系混乱。如：区划分类体系中，海洋保护区与特殊利用区是并列的一级类，而使用分类体系中，特殊用海包括海洋保护区用海；再如功能区划分类体系中，海岸防护工程属于工程用海，而使用分类体系中，属于特殊用海；再如，排污区、倾倒区在区划分类体系中属特殊用海，而使用分类体系中不属于特殊用海，是和特殊用海并列的一级类。

三是术语界定不清楚。如：海域使用类型、用海类型、用海方式三个概念，根据国家有关文件，从内容上看，海域使用类型不同于用海类型，用海类型与用海方式是相同的；而从字面上看，方式与类型应该是有不同的含义，这非常容易引起误解，造成使用混乱。

（四）海洋功能区划对于具体功能区的管理规定不明确

目前，国家对功能区划的管理，侧重于编制、审批的程序。对于具体功能区的管理、调整、利用等，缺乏具有实质可操作性的规定，造成各地执行功能区划时解释各不相同，形成不同的标准。

三、山东省

（一）不同层级海洋功能区划缺乏协调性

我国海洋功能区划实行国家、省、市、县四级层级体制，重点是省级区划。省、市、县三级区划总体上应是一致的，下级区划依据上级区划编制；省级区划宏观性强，对下级区划具指导性，比例尺较小，划区较粗略；市、县级区划侧重于微观，是上级区划的细化，比例尺较大，划区较翔实。但目前海洋功能区划编制和审批过程太长，各级区划编制和审批大多不同步，存在按需修改、频繁修改、边批边改、刚批就改等现象，致使不同层级海洋功能区划之间存在不一致的情况，也给海域使用项目审批管理造成混乱和困惑。

我国的城市规划也有四级，包括城镇体系规划、城市总体规划、控制性详细规划和修建性详细规划，其中修建性详细规划确实非常详细，建几层、用什么材料都很明确，值得我们学习和借鉴。

（二）其他规划与海洋功能区划也缺乏协调性

我国沿海有土地利用总体规划、城市规划、海岸带规划、海洋产业规划等各种相关规划。依据海域法和省条例，沿海土地利用总体规划、城市规划、港口规划涉及海域使用的，应当与海洋功能区划相衔接；养殖、盐业、交通、旅游等行业规划涉及海域使用的，应当符合海洋功能区划。

涉海的部门和行业规划与海洋功能区划都有一定的差异，其编制和审批周期也不尽相同。在海洋功能区划制度执行中，往往很难协调好其他规划与海洋功能区划的关系。

（三）海洋功能区的排他性和兼容性存在矛盾

排他性的功能区可以是单一的功能；兼容性的功能区在突出主导功能的同时应允许多种功能。目前的海洋功能区划以单一功能为主，突出了排他性，在海洋兼具多种功能的兼容性方面难以体现，至少在海洋功能区划图上没有表现出来，海洋功能区的名称和范围形成死框。在海域使用审查时，往往只能与图上标示的主导功能进行比对，无法了解并兼顾其兼容性。

四、江苏省

（一）海洋功能区划规划化现象明显

根据有关要求，海洋功能区划编制过程中应注意与有关行业规划相衔接，这样一来容易将有关行业部门规划内容和成果直接移到区划中来，甚至将一些行业使用海域的现状搬到规划中来，使功能区与用海项目产生一一对应关系。

（二）省、市、县三级海洋功能区划层次性不强

目前的省、市、县三级区划间存在层次不明、内容重复的问题。省级区划内容是市、县区划内容的简单叠加，市级区划内容是所辖县区划的简单叠加。

（三）海洋功能区划的前瞻性和科学性有待进一步提高

目前，海洋开发方兴未艾，各级政府在一定程度上对如何开发、怎样开发海洋资源问题认识不清，规划不足，使区划内容缺乏前瞻性，影响区划的实际执行力。

（四）海洋功能区划报批时间跨度过长，修改手续比较繁琐

（五）对海洋功能区划实施缺乏监测和评估

五、上海市

（1）由于各部委办行政管理方面的原因，导致区划（修编）的协调工作困难重重，从而大大延缓了区划（修编）报批的进程，需要继续加大力度着力推进。

（2）由于区划（修编）主要针对满足上海市“十一五”海洋经济发展需要而进行的，还不能满足“国家海洋局关于为扩大内需促进经济平稳较快发展”的要求，但可在下一轮区划修编中着重考虑。

六、浙江省

（一）省市县三级区划特别是市县两级区划定位较难把握

从几年的海洋功能区划实践看，浙江省虽然已经建立了省、市、县三级海洋功能区划体系，但还存在定位不清、层次不明、内容重复的问题，尤其是体现在市与县的层级中。

国家实行海洋功能区划层级体系，主要是为了使各级区划之间既有有机联系又有所区别，并重点体现在从宏观要求到微观落实的系统思想。从国家级区划对国家重要资源开发利用方向的区域配置，到省级区划对重点海域的功能排序及重要功能区的划定，再到市县级区划对具体海域单元的功能定位，是一个下级体现上级要求，逐级细化落实的过程。从实践情况看，尽管这样的层级体系，对国家级和省级区划没有多大的矛盾，但对于市级与

县级，由于层级之间缺少明确的约束关系和控制手段，在实际执行中就会出现市级区划与县级区划区分不开的问题。目前，在分类体系没有细化的情况下，市级区划与县级区划在对海洋功能区的描述方式是相同的，从形式上看不出相对上级区划和下级区划的特点，这就导致上下级区划一致性判断上的机械化，如果上级区划没有下级区划的功能区，那么下级区划被认为与上级区划不一致，在具体项目审批时到底应符合哪级区划成为不好把握的问题。从而，为使上下级区划一致，也导致了市级区划是行政区划范围内的县级区划的简单叠加，结果内容实质相同，区划分级失去了意义。从另一方面看，市级区划与县级区划无论从内容还是形式上基本是一样的，也有情况是由市统一编制包含所辖县（市、自治区）的市级海洋功能区划，县（市、自治区）把市级海洋功能区划中的本地区部分作为县（市）级区划，实际没有另行编制这一层次的区划，也使这些地区的区划分级失去了意义。

（二）存在区划“规划化”与区划规划相矛盾现象

从浙江省各级海洋功能区划编制情况看，区划编制过程中尚存在着区划“规划化”与区划规划相矛盾等现象。

按照海洋功能区划与其他规划的关系，海洋功能区划是其他涉海规划的基础与依据，具有较强的科学性和客观性，而其他涉海规划是为了实现功能区划的目标进行的资源使用和环境管理的分阶段的空间和时间上的具体部署。也就是说应根据海洋功能区划制定海洋的各种规划。但是从实际编制过程看，目前海洋功能区划的编制与审批过程中比较注重综合各个部门的相关规划，但如果仅仅被当做是综合协调各种使用需求规划的一个技术成果，便起不到区划的基础性作用。在这一区划编制过程中，为衔接相关规划，容易陷入区划“规划化”的误区，即或者把各种规划的成果和内容直接搬到区划中来；或者经常会依照海域使用现状或者照搬涉海行业规划的相关内容，以致区域的海洋功能与用海项目产生一一对应关系。

另一方面，由于海岸带管理体系不完善，海岸带海陆管理权的分离，致使海岸带范围内的城市建设规划、海洋功能区划、旅游发展规划、环境保护规划等各类区划规划，还存在编制相互独立，审批各自为政，缺乏统一协调机制。从而容易出现区划规划之间的不相一致，甚至相互矛盾的状况，也导致了海陆之间的用海矛盾和行业之间的用海矛盾等。

（三）功能分区体系有待进一步理清

从海洋功能区划制度实施以来，海洋功能区划分类体系的发展过程主要经历了三个阶段：一是1990—1995年进行的海洋功能区划，建立了海洋功能区5类3级分类系统；二是1998年开始的大比例尺海洋功能区划，采用的是1997年国家技术监督局发布的《海洋功能区划技术导则》（GB17108—1997），建立的是海洋功能区五类四级体系，分为开发利用区、整治利用区、海洋保护区、特殊功能区和保留区五大类，每一大类以下再分出若干子类、亚类和种类；三是现行的由国家质检总局和国家标准委于2006年12月批准发布的新修订的《海洋功能区划技术导则》，建立的是海洋功能区10类2级的分类体系。

虽然海洋功能区划分类体系经过几年不断的修正与完善，越来越趋于科学与成熟，但尚存在不少技术性问题。

一是一套海洋功能区划分类体系与国家、省、市、县分级的海洋功能区划体系不符。国家实行4级海洋功能区划，目的是更好地有所层级地细化实施海洋功能区划，科学管理海域，但是由于4级海洋功能区划都使用一套海洋功能区划分类体系，很难确保四级体系从宏观到微观的分级管理，也是造成目前区划层级较难把握的原因之一。

二是快速推进的海洋开发类型超出海洋功能区划分类体系。目前，随着科技的进步，海洋开发活动中对海域使用类型超出了海洋功能区划分类体系的范围，海洋功能区划与海洋开发功能之间存在不一致性，给项目用海的海洋功能区划符合性分析带来困难。比如，浙江省海岛地区是一个缺水较为严重的地区，随着浙江省海洋经济强省战略的不断推进，经济发展需要较大的水资源支撑，从而促使浙江省积极开发利用海水资源，进行海水淡化处理，供应海岛地区作为工业与生活用水。然而在2006年版的海洋功能区划技术导则中，仅有一级类海水资源利用区，但在二级类中无对应海水淡化功能的类型区，势必需要在海洋功能区划中作适当地突破。

（四）省级海洋功能区划存在修改需求

浙江省海洋功能区划经批准实施两年来，在促进我省海域资源的节约利用和优化配置，协调浙江省各涉海行业和部门在开发利用海域资源中所产生的冲突和矛盾，优化我省海洋产业结构和生产力布局，有效保护海洋生态环境，保障我省海洋经济的可持续发展等方面发挥了积极而显著的作用，但在实施过程中也出现一些新的情况和问题，要求修改调整区划。

浙江省某些沿海地区的经济发展对省海洋功能区划提出了修改要求。例如温州市政府为了进一步挖掘温州市海洋经济发展的潜力，促进温州市海洋经济再上一个台阶，在瓯江口区域发展规划中，对温州洞头大小门岛附近海域的功能进行了整合，提出要将大小门岛建设成为温州瓯江口区域的重要临港产业基地。这对省海洋功能区划中洞头大小门岛附近海域主导功能的调整和修改提出了要求。再如《温台沿海产业带发展规划》的实施，也要求省海洋功能区划对温岭市局部海域的主导功能做出调整，以满足临港工业项目的用海需要。

某些海洋功能区因其所在海域自然属性的变化而使得其主导功能定位需加以调整和修改。这里较为典型的就是海上倾倒区。随着在海上倾倒区所倾倒的废弃物的不断增加，其附近海域自然属性将不断发生变化，直至不能满足倾废功能而封闭，致使该海洋功能区的主导功能需作重新评估和调整。另外，海洋保护区的建立也会使得归入保护区范围内的某些海洋功能区的主导功能发生变动，如已被国家海洋局批准建立的渔山列岛国家级海洋生态特别保护区，将使保护区范围内的风能区等发生主导功能的调整。

（五）市县级区划局部修改需求过多

自2006年至今，浙江省刚刚完成新一轮海洋功能区划的修编，但随着社会经济发展的需要，要求更改局部地区海洋功能定位的县市越来越多，甚至出现了要求重新制定与修编海洋功能区划情况。应该说，从新一轮修编批准到目前的时间非常短，有些甚至不到一年。造成这种区划随意修改的原因除了经济新形势发展的需要外，还包括了以下几点。

一是认识水平有限。海洋功能区划是建立在海域自然属性评价的基础上，在一定的时间，区划期内的各海域主导功能应该是相对稳定的，但是由于对海域适宜性评价和划定的时效性受制于社会经济发展水平和科技手段的认知水平，往往造成海洋功能区划的定位偏差。

二是研究深度有限。海洋功能区划文本、登记表和图件齐全，内容体系比较完善，但针对具体的功能区，实质上只有功能定位和管理要求两个部分内容。由于目前对功能区管理要求的编制没有明确具体的规定，各地的功能区划中的管理要求大多比较简单。因此，海洋功能区划的所有效力基本集中到了确定功能区的范围及其主导功能上了。功能区划内容的简单化，没有规定功能兼容性，给功能区划及其实施带来多方面的制约。

三是前瞻性有限。目前绝大多数的海洋功能区划并没有从资源定位的角度长远地考虑资源的最佳利用，而是着眼于当前的经济发展需求定位，通过现有利益的协商，甚至是现有规划的拼盘，缺少规划的前瞻性，不仅造成资源的浪费或破坏，而且使得海洋功能区划经常随政策导向和城市经济发展需求的改变而变动，从而难以给海洋管理部门提供科学的决策依据，导致经常产生修改功能区划的冲动，希望局部修改功能区划。

七、福建省

（一）海洋功能区划编制过程存在的主要问题

1. 编制审批时间长

国家、省、市、县四级区划启动修编、审批时间不一致，整个过程周期太长。我国建立了海洋功能区划四级编制，两级审批制度。本轮海洋功能区划编制工作是从国家海洋局下发《关于加快海洋功能区划编制、审批和实施工作的通知》（国海管字［2002］44号）开始的，至今已超过六年。国务院2006年批复《福建省海洋功能区划》。2007年批准福州市、厦门市、泉州市、漳州市、宁德市、莆田市沿海设区市海洋功能区划，2008年批准沿海县级海洋功能区划。

福建省于2004年底启动省级海洋功能区划修编，2005年2月上报国务院审批，2005年启动沿海设区市及县级海洋功能区划修编。省市县三级区划编制周期长，给上下级区划的衔接和保持一致性造成很大困难。同时，编制报批周期太长，很难与其他涉海行业规划等在规划期上保持一致，难以发挥海洋功能区划作为基础性规划的作用。

由于编制审批时间长，导致出现如下两个方面问题：首先，往往是上级区划提出下一轮调整修编时，下级本轮区划还没有批准实施，或批准实施时间短暂。按规定下级区划要根据上级区划进行修编，往往给人印象是区划经常调整，区划制度的严肃性不强。其次，由于编制审批过程长，随着社会经济发展需要或领导思路的变化，其他规划（其他规划处于动态调整状态）进行修编调整，出现海洋功能区划与其他规划之间的衔接程度差，甚至出现上下级区划功能冲突，如罗源县的鉴江湾海域，在省级和市级海洋功能区划中定位为鉴江湿地生态系统保护区，而在罗源县海洋功能区划中因当地引进石化项目建设需要，将其调整为鉴江功能待定区，然后在通过项目的海域使用论证和环境影响评价，将其定位为围海造地区，落实该石化项目的建设，海域功能从一级保护功能（湿地保护区）调整为一级开发功能（填海造地，建设石化项目）。海洋功能区划的指导性和引导性不强。

为了更好做好各级海洋功能区划之间的时间衔接，建议在实施上级区划修编时同时启动下一级区划的修编工作，在征求上一级区划修编意见时，可一并征求下一级区划编制组意见，及时将下一级区划修编过程中涉及比较大调整的意见反馈给上一级区划编制组参考。在上级区划评审、审核上报审批时，开展下一级区划评审工作。

同时启动省、市、县三级海洋功能区划编制工作，能及时全面征求、反馈、处理各级各部门行业规划需求及对区划的编制意见，区划衔接性比较好，避免在上级区划中已否定没有采纳的意见在下级区划中又再次提出或采纳，或者在上级区划中已采纳的意见又在下级区划中被否定。在比较短时期内完成各级区划编制工作。

此外，在海洋功能区划管理规定中，除现有的规定外，应增加对各级区划制订的工作时限要求，明确省、市、县三级海洋功能区划制订时限，不得以任何理由拖延区划编制、上报审批时限，以及相对应的处理规定。

2. 海洋功能区划的层级体系不清晰

海洋功能区划分为四级，下级区划依据上级区划编制，是上级区划的具体落实，是一个下级体现上级要求，逐级细化的过程。《海洋功能区划管理规定》也对各级区划的主要任务进行了规定。全国海洋功能区划的主要任务是：科学划定一级类海洋功能区和重点的二级类海洋功能区，明确海洋功能区的开发保护重点和管理要求，合理确定全国重点海域及主要功能，制定实施海洋功能区划的主要措施。省级海洋功能区划的主要任务是：根据全国海洋功能区划的要求，科学划定本地区一级类和二级类海洋功能区，明确海洋功能区的空间布局、开发保护重点和管理措施，对毗邻海域进行分区并确定其主要功能，根据本省特点制定实施区划的具体措施。市、县级海洋功能区划的主要任务是：根据省级海洋功能区划，科学划定本地区一级类、二级类海洋功能区，并可根据社会经济发展的实际情况划分更详细类别海洋功能区。市、县级海洋功能区划应当明确近期内各功能区开发保护的重点和发展时序，明确各海洋功能区划的环境保护要求和措施，提出区划的实施步骤、措施和政策建议。设区市海洋功能区划的重点是市辖区毗邻海域和县、区海域分界线附近的海域；县海洋功能区划的重点是毗邻海域。

尽管对各级区划的重点任务有了明确规定，但在实际工作中，省、市、县（市）三级区划的层级关系很难把握。目前所编制的市级区划和县级区划，在内容和形式上基本一样，对海洋功能区划的描述方式也是相同，反映不出宏观区划和微观区划的特点。主要原因有：一是缺少相关技术规范，《海洋功能区划技术导则》（以下简称《导则》）没有区分不同级别海洋功能区划的要求；二是对下级区划如何体现上级区划的要求，缺少具体可操作的准则。

这种现象的出现一方面是因为各级区划编制起始时间不一，导致收集资料和调查内容的差别，特别是相关涉海规划或区划资料的更新和差别。另一方面是海洋功能区划缺少控制性指标加以制约，根据海域属性和社会属性，依据分类指标与体系划定功能区，这些条款技术人员和相关部门人员可能因人而异理解不同，认为在下级区划中可以将上级区划的一级类进行适当切割，细分为不同功能区的一级类和二级类功能区，细分的规模、数量没有控制指标限制，逐级细分后功能区规模小，布局上不尽合理，细分结果基本上是将保护类、水产养殖类功能调整为围填海造地区、港口区、排污区等。再一方面是功能区调整与不予以调整的科学依据不够充分，尤其是调整为围填海性质，改变海域属性的功能区，缺少涉及围填海专题研究成果作为支撑科学依据，在与各部门各行业征求意见时，说服力不足，只能通过行政协调协商划定功能区。

3. 海洋功能区划与其他规划在时空上衔接

海洋功能区划与其他规划在时间上、空间上不完全一致，在编制区划过程中难于衔接协调，尤其是时限上不一致，没有规范规定在技术上如何处理，如港口规划的时限性比较明确，分近期、中期、远期、远景，一般近期指下一个五年计划、中期为再下一个五年计划、远期为中期之后的五年计划、远景时期为更长远，时限大致为20年或更长，超前性比较多；而其他多数规划往往没有分近期、中期、远期和远景空间上布局与建设进程。海洋功能区划要与国民经济计划相衔接，往往考虑的是近期和中期的需求，即下一个五年计划和再下一个五年计划，时限大致为10年。

对于民营企业较多的修造船行业的规划，福建省现有规划年限到2010年，至今没有正式长远发展规划，相当多的修造船发展规模和布局缺少全局性考虑，个别大型修造船基地在制定海洋功能区划时难于选划修造船用海区域，在实际开发中多数民营企业选择在自家门口附近海域建设修造船项目。

4. 规划之间在空间上和功能上重叠排斥

有时出现某些行业规划之间在空间上、功能上相互重叠、排斥，这在海洋功能区划编制过程中就难于协调处理。主要表现为港口运输、临港工业、滨海旅游及城镇建设等规划与水产养殖规划在空间上存在重叠，例如东山湾海域西部沿岸，港口规划为青径港口作业区和刺仔尾港口作业区，电力建设需求将该区域规划建设为核电站，在空间上和功能上存在重叠与不兼容，而目前实际开展前期工作的是核电站和修造船项目。

5. 海洋功能区划的编制依据“项目化”

各地对海洋功能区划的内涵、分类体系、分级体系、编制技术和方法，以及与相关规划之间的关系等问题还缺乏系统研究。很多地区只是在海域使用现状、各涉海行业规划分析汇总的基础上编制，缺少对海域自然属性深入分析和对未来海洋经济发展、用海需求的预测，区划“项目化”。当某地引进某一项目与海洋功能区划的功能定位不一致时，就区划为与之适合的某一类功能；当项目不能落实或重新引进另一类型项目时，就出现置疑原功能区划的符合性问题，提出局部修改调整海洋功能区划，而受调整的多数是养殖区、保护区等，将调整为项目建设用海区（围填海）。部分地区主要是由海洋行政主管部门编制，没有技术依托单位；一些编制单位不具备所需的专家和技术条件，或者未经实际调查，只是根据收集的资料在“图上画画”，成果不具有可操作性。

6. 功能布局的全局性引导较弱

市县地方政府往往从拉动地方经济建设的角度考虑，力争为今后项目的引进落实预留更多空间和功能弹性。例如，对于城镇扩建、港口建设，石化、钢铁、核电、修造船等产业布局规划，各地政府颇费心思。如果从某一地方角度看，这是基本满足当地或区域今后相当长时期内的发展需求，但从全省角度出发，则将出现较多的空间占有，浪费现有的海域资源，或者出现重复、分散建设能力等。

7. 海洋功能区中对围填海规模控制不严

围填海对海域自然属性的改变和对海洋资源的永久性占用，所导致的海洋环境问题是目前海洋管理部门的关注重点。《海域使用管理法》明确规定："国家实行海洋功能区划制度。海域使用必须符合海洋功能区划。国家严格管理填海、围海等改变海域自然属性的用海活动。"管理部门对围填海的审批也比较谨慎严格，因此在海洋功能区划编制过程中，对围海造地区的定位比较谨慎，尤其是港湾内围海造地区的面积占港湾海域面积比重将严格控制。

但在《导则》的二级分类体系中，除了二级类中的"围海造地区"明确该类功能区可进行围填海外，在港口区、渔港和渔业设施基地建设区、度假旅游区、盐田区、海岸防护工程区、跨海桥梁区和其他工程用海区等二级类功能区也包含有部分围填海功能（附表1），并且目前尚未对该类功能区内的可围填海比例进行控制，这种情况导致在海域使用论证过程中用海单位在港口区、渔港和渔业设施基地建设区、度假旅游区、海岸防护工程区和其他工程用海区等这些二级类功能区进行较大范围的围填海时，管理部门审批又不能定位其为"不符合海洋功能区划"。采用此类"迂回围填海"的方式在港口用海中尤为突出，常出现在某一码头建设工程的海域使用范围中，后方填海形成的仓储用地占海域使用面积绝对大的比例。

附表1　海洋功能区划分类体系中包含围填海的二级类功能区

序号	二级类功能区	可能包括围填海部分
1	港口区	仓储用地
2	渔港与渔业设施基地建设区	附属的仓储用地
3	度假旅游区	旅游区的陆上配套设施
4	围海造地区	围海造地
5	海岸防护工程区	海岸防护建筑
6	其他工程用海区	定义比较笼统，围填海有较大的弹性

对于此类现象，建议在《导则》或《海洋功能区划管理规定》中对在港口区、渔港和渔业设施基地建设区、度假旅游区、海岸防护工程区和其他工程用海区等二级类功能区中包含围填海的比例设置量化的指标进行控制。

（二）区划实施过程存在的主要问题

1. 海洋功能区对海洋经济的统筹和引导作用有待加强

省级海洋功能区划的制定从全省全局出发，统筹协调平衡全省海域整体功能与局部海域功能，同时考虑今后发展需求而划定一定的海域空间作为预留区。沿海市县从地方社会经济发展出发，制定市县级海洋功能区划，也同样为地方发展划定一定的预留海域空间，这些预留区应当是在已确定的功能区大部分得到开发利用情形下再启动。但由于各级地方政府引进项目积极，项目的引进和投资渠道不同，以及项目业主自行选址的意愿，个别项目用海需求是根据提出的选址意愿调整海洋功能区划，导致成片集中开发程度较低，有遍地开发的趋势，这些主要以港口、造船、化工、电厂等为主，产业设置相似，海洋功能区划对海洋产业的引导和统筹作用难以发挥。

2. 局部地区区划实施中的矛盾较突出

近几年来，海洋经济迅速发展，部分行业用海需求急剧增加，海洋功能区划所设置的功能区难以满足行业用海需求，特别是临海工业、港口航道用海骤增，用海范围、规模不断扩大，与渔业用海和保护区用海的矛盾尤其突出，要求调整海洋功能区划的情况增多，其原因主要归纳如下：

（1）有些地方政府及行业主管部门对海洋功能区划制度的法律地位和作用认识不足，致使在编制单位组织征求对区划（修）编制的意见和建议时，没有予以足够的重视而是敷衍应付，或者是根据领导想法划定功能。

（2）行业发展规划约束力不强，通过海洋功能区划制度的实施，进一步规范协调行业用海需求。但因为行业发展用海需求是从行业自身发展中提出，行业发展需求处于动态变化状况，缺少综合考虑。全省产业布局和重点项目的合理化规划布局的约束力不强，尤其是民营投资比较多的行业如修造船业，相当多数是根据修造船业主自身投资建设方便而选择建设地点，一般是选择在其家乡附近海域。作为海洋功能区划编制主管部门，或编制技术单位，从全局宏观角度提出海域功能区划布局分析不够深入，其他涉海部门对此的理解与认可程度存在一定偏差，往往通过不同方式再次提出用海需求，提出调整海洋功能区划，而有些用海需求是不符合实际的，给海洋功能区划的实施带来一定困难。

（3）编制单位技术力量薄弱，考虑当前经济社会发展对用海需求比较多，对中远期产业布局、行业发展的用海形势缺少分析和预测，导致区划的科学性和可行性不足。

（4）目前国家实施最为严格的土地管理制度，土地供应紧张，向海洋要土地成为当前解决沿海地区土地紧缺问题的重要途径，而且海域使用没有具体指标控制，相对比较宽松。

（5）各地对区划实施的重视程度不足，缺少宣传沟通与引导，有些地方出于招商引资的需要，任由用海单位选址，在海域使用审批中则利用功能兼容打擦边球；海洋功能区划的实施措施落实与监督检查不到位；海洋功能区划实施管理技术支撑体系尚未建立。

3. 海洋功能区划符合性分析缺乏统一标准

海域具有多重性，可赋予多种功能，但目前区划的大部分功能区仅确定了单一功能，或者说突出强调了主导功能，并未列举兼容功能。在项目审批中，项目用海与功能区划的一致性比较好判断，但对兼容性却难把握。目前海洋功能区划兼容性的判定主要有以下两种操作方式：一种是通过论证和专家评审判定用海项目是否符合海洋功能区划。按照《海域使用论证技术导则》，海域使用论证应给出项目用海是否符合海洋功能区划的结论，但海域使用论证技术导则对海洋功能区划符合性的分析只有原则性的规定，并没有明确的判定标准。另一种是前置判定，受理海域使用申请后，由海洋行政主管部门判定用海项目是否符合功能区划。若项目不符合海洋功能区划的，直接通知海域使用申请人，否决该项目或建议另行选址；若项目符合海洋功能区划的，按要求履行审批程序。因此，无论哪一种方式，都存在着主观性太强的缺陷，有的地区，专家对用海项目与海洋功能区是否兼容从严掌握，项目用海与海洋功能区划符合性判断被机械而简单地理解为“用海类型是否与功能区类型一致，用海范围是否在对应功能区范围内”，导致海域兼容性功能使用被排斥，与功能区范围略有出入的用海平面布置方案被否定，海洋功能区划项目化，其适应性被大大降低。有的地区，专家则从宽处理，使海洋功能区划兼容性的判定具有很强的“艺术性”，从而失去了应有的严肃性。

4. 海洋功能区划评估和修改缺乏技术依据

国家海洋局于2007年出台的《海洋功能区划管理规定》建立了海洋功能区划评估制度，并将海洋功能区划的修改分为三种类型：一般修改、重大修改、特殊修改。海洋功能区划批准实施两年后，县级以上海洋行政主管部门对本级海洋功能区划可以开展一次区划实施情况评估，对海洋功能区划提出一般修改或重大修改的建议。海洋功能区划不能随意变动，但必要的修改也是允许的，建立评估制度将有助于减少海洋功能区划修改的随意性和频次。但到目前为止，国家未出台具有可操作的技术规范。由于没有实际落实海洋功能区划评估制度，基本上是根据单一项目用海需求提出修改海洋功能区划，如福建省的宁德市、莆田市、泉州市和厦门市均针对某一区域或某一项目的需求而提出修改海洋功能区划。

5. 海洋功能区划管理信息系统不规范

目前，各省市建立的海洋功能区划管理信息系统不统一，不规范，给各级海洋功能区划汇总带来了很大难度。主要原因为：一是系统开发重视不够，没有统一标准要求，一般一并委托海洋功能区划编制技术单位进行开发，技术力量参差不齐，所开发的管理信息系统互不兼容，更谈不上信息资源的汇总与共享；二是海洋功能区划管理信息系统是在其他地理信息系统平台上进行二次开发，没有自主产权，系统多数属于单机版，而且要运行管理信息系统必须配置地理信息系统平台或授权，系统配置运行成本高；三是系统实用性不强，与实际管理需求结合程度低，生命力弱且短暂。

2007年，福建海洋研究所在原已开发的海洋功能区划管理信息系统、海域使用管理信息系统和海域使用动态监视监测系统基础上，在软件开发上实现质的飞跃，从原来的二次开发到从底层开放，从单机版到网络版，真正实现自主产权的海岸带综合管理信息系统。该系统的功能内容涵盖海洋功能区划、海域行政界线、海岸线、海域使用管理、海洋环境保护、海岛管理等多方面管理需求，具有较强的实用性，避免在一台计算机上同时安装使用多套单一方面管理的信息系统而可能出现彼此互不兼容的情形。

八、广东省

（一）省、市、县三级区划编制界限不清晰

目前，在省市县三级海洋功能区划编制中还存在层次不甚明晰、内容重复的问题。在

分类体系没有细化的情况下，省级区划的相关内容将市县级区划进行简单叠加或全部覆盖，市级区划将行政区划范围内的县级区划进行简单叠加，甚至出现市县级区划先于省级区划和市级区划编制和审批。省、市、县三级区划分类体系的不清晰，造成管理部门难以很好把握区划分级审批、分级落实的界线，给区划编制和实施带来一定的困难。

（二）海洋功能区划修改修编制度需要进一步完善

海洋功能区划在审批项目阶段得到严格实施，但由于经济社会的快速发展，局部海域确定的功能区不能完全符合发展需要，急需修改区划，如何确定区划修改的合理性、科学性目前仍不甚明确。有的地方政府为了局部地区经济发展的需要，随意调整海洋功能区划，一旦有新项目启动就上报要求修改海洋功能区划，影响了区划实施的严肃性、科学性。

由于国家和省级区划比较宏观，在局部海域功能划分上仅划定主导功能，但用海项目相对比较具体，可能经海域使用论证项目可行，但在对照国家和省级区划时，并不符合划定的主导功能（如湛江钢铁基地，其基地建设符合海洋功能区划，但排污口处于渔业资源增养殖区，不符合主导功能，如要符合区划，则只能调整省级海洋功能区划，需要报国务院审批，审批时间较长），如何确定该类项目用海是否符合区划，应进一步明确程序和要求。

九、广西壮族自治区

（一）海洋功能区划的技术体系尚需完善

从技术层面看，自1997年到现在，海洋功能区划的技术支撑未成体系，并且显得比较零乱。1997年国家虽然发布了《海洋功能区划技术导则（GB17108—1997）》，为20世纪90年代后期海洋功能区划的试点以及局部区域海洋功能区划的编制（广西防城港市的UNDP资助项目）提供了技术支持。同时也是大多数地方现行海洋功能区划编制的技术依据。但是（GB17108—1997）的主要缺陷是涉及了整个海岸带地区，纵深10千米，由此区划出大片的农、林、牧区、工业区和城镇建成区。与相关的工农业规划和城镇规划多有矛盾，且不能突出体现“海洋”功能区划的特色。

2006年国家发布了新的《海洋功能区划技术导则（GB17108—2006）》，代替（GB17108—1997）。在许多方面做了改进，从分类体系看，基本上不涉及陆域。为新一轮的海洋功能区划修编提供了技术标准。目前，广西的三级海洋功能区划修编均采用新的导则（GB17108—2006）。但是，由于新导则（GB17108—2006）多从国家或省（区、直辖市）的层面考虑，分类体系的涵盖面未够充分，致使有些功能区无法标示。如风能利用区、海上体育运动区等。

2007年国家海洋信息中心在中国海洋信息网上发布了《海洋功能区划管理信息系统实施方案》，在该《方案》中有两个技术规程——《系统建设技术规程》、《图件编绘技术规程》和一个《图例》。在这个《图例》中，其“图例名称”、“图例式样”比《海洋功能区划技术导则（GB17108—2006）》中的附录G多了12个，如农业区、林业区等，且有很多功能区的“代码”不一致，如，同样是港口区，在《图例》中的代码为11110，而在附录G中的代码却为1011。

在编制海洋功能区划中，应该以“国标”为准，即执行《海洋功能区划技术导则（GB17108—2006）》。但是，从时间上看也有问题，因为“国标”是2006年12月29日发布，2007年5月1日执行；《海洋功能区划管理信息系统实施方案》是在2007年11月13日在网上发布，是在“国标”之后的，不便于执行。因此，由于海洋功能区划制度的技术体系不够完善，对地方海洋功能区划的编制与修编工作带来了一些影响。

其主要原因是缺乏统一协调，未能形成整体技术框架；图例不能太宏观，它涉及具体的每一个功能区，因此应尽可能考虑全面并细化；新的规程、规范发布，应说明与旧规程规范的关系。

（二）“自上而下”或者“自下而上”的问题

《海洋功能区划管理规定》第九条：“编制海洋功能区划，应当依据上一级海洋功能区划……”省、自治区、直辖市依据全国海洋功能区划来编制本地区的海洋功能区划，要求所划定的一级类和二级类功能区具有一定的可操作性；市、县级根据省级的海洋功能区划编制本地方的海洋功能区划，要求划分更详细类别的海洋功能区。

从宏观决策的角度，“自上而下”当然是有道理的。但是在实践中，特别是市级海洋功能区划的编制或修编中，大多是“自下而上”。广西沿海三市（北海、钦州和防城港）现行海洋功能区划的编制和修编均是市先于省。据了解别的省也有类似情况。其主要原因是区划跟不上开发速度。如广西，去年初，国家批准实施《广西北部湾经济区发展规划》后，海洋经济进入到了高速发展的历史时期，国家重大项目纷纷落地广西沿海，这样原有三市的海洋功能区划就明显滞后。因此，沿海三市先修编海洋功能区划也是势在必行。目前，钦州市已完成了海洋功能区划修编工作，自治区级的和北海市、防城港市的海洋功能区划正在修编当中。

十、海南省

（一）功能区划登记过程不完善

在《海南省海洋功能区划登记表》（2004年版）中，共登记了269个二级功能区，其中有24个功能区的利用现状没有任何描述，占总数的8.9%；用“已建”或“拟建”等字样简要表述的有48个，占总数的17.8%；没有标明面积的功能区有80个，占总数的29.7%；功能区拐点坐标不明确的情况更多。

（二）有个别海洋功能区的划分与现实开发矛盾大

《海南省海洋功能区划（2004年版）》是根据海南建省前的海洋资源和原广东省、市、县批准的相关文件进行编制的，经过20多年的开发利用，海南省的海洋资源状况已有较大变化，或者社会经济条件已经发生了很大变化，难以适应新形势的需要。如临高白蝶贝自然保护区和儋州白蝶贝自然保护区，都是广东省划定的自然保护区，但长期以来，既没有保护机构和保护经费，也没有保护措施，白蝶贝的资源破坏相当严重，数量已经极少，仅仅是因为原来是保护区而依然划定为保护区，显然存在一定的不合理性，与现实情况不相符。又如文昌东部海域，原划出的文昌麒麟菜保护区（面积6 500 hm^2）和抱虎角麒麟菜保护区（面积3 596 hm^2），不仅所占面积过大，而且是省级自然保护区，是根据当时的海域开发利用程度低的实际情况审批设置的。而到了二三十年后的今天，海洋开发已引起各级十分关注的，仍将大面积的海域划为自然保护区，显然不利于近海海域的综合开发利用，与现实开发矛盾较大，亟待解决。自然保护区的设置和变更，必须经过严格的论证和审批程序，手续较为繁琐，因而要改变现状，也并非易事。

（三）少数单位或地区对海洋功能区划制度认识不足，片面强调发展的需求而忽略海域的自然属性

《中华人民共和国海域法》和《海南省实施〈中华人民共和国海域法〉办法》都已明确规定：养殖、盐业、交通、旅游等行业规划涉及海域使用的，应当符合海洋功能区划。但不少单位或地区对海洋功能区划制度认识不足，片面强调发展的需求而忽略海域的自然属性，申请海域使用权时先斩后奏的事也时有发生。

附件2　各省（市、自治区）海洋功能区划调研中提出的建议

一、辽宁省

（一）调整分类体系

（1）分类体系中应根据海洋产业发展需求增加临港工业、临海产业、城镇建设等建设用海功能以及海上风场新兴海洋产业或新型海域使用功能。

（2）增加公众生活用海、生态环境保护修复、生态涵养等生活、生态功能类别。

（3）不现区划层级间的分类体系应体现整体到局部逐级细化的要求，以适应具体的海域管理。

（4）调整修改渔港、海岸防护工程等过于接近具体的用海类型或空间分区较小的分类。

（5）分类体系设置应考虑一定的兼容性并给出海域使用管理要求，如港口与临港工业、旅游区（观光性）与底播养殖等，以增加区划的灵活性和实际操作性。

（二）明确层级体系调整与修编时限

市县级海洋功能区划由省市级审批，法律地位不足，逐级审核导致报批周期过长，协调困难，另外市县级海洋功能区划受地方行政管理干预较大，修改调整频繁，建议市县级海洋功能区划可不编制或不作强制要求；其次应对全国和省级海洋功能区划的分类体系、内容体系、功能分区范围、管理要求等进行必要的分级调整并上下衔接；全国和省级海洋功能区划修编与报批同期开展，以缩短区划编制审批时限。

（三）做好海洋功能区划修编协调

海洋功能区划修编应充分调研吸纳沿海省市和涉海行业意见与需求，在注重海域自然属性和保护海洋环境的基础上，充分考虑海洋经济发展的需要，以减少审批阶段的协调修改难度。

（四）衔接好全国与省级海洋功能区划

全国海洋功能区划修编应在主要任务、目标、海洋功能区划分、重点海域主要功能调整、实施措施等方面提出省级海洋功能区划的衔接要求，以体现全国海洋功能区划的宏观指导控制作用。

（五）规范海洋功能区划体系

全国海洋功能区划修编应形成海洋功能区划修编的技术规范、实施细则、监督管理办

法等统一规范性技术法规文件，指导与规范下级海洋功能区划修编与实施。

二、河北省

（1）划分好国家、省、市、县海洋功能区划的管理重点与层次，不同级别的功能区划要体现不同的管理内容。

（2）围填海区不再作为单独的功能区处理，根据填海造地的用途，将其纳入相应功能区。

（3）修改海洋功能区划技术导则，充分考虑海域资源开发利用的兼容性。

（4）统一功能区划和海域使用分类体系。

（5）简化功能区划的编制、修改、审批程序。针对功能区划的修改、功能区的局部调整等内容分别实行备案、审批等不同程序。

三、山东省

（一）创新思想方法

建议借鉴较成熟规划的思想方法，吸收海域管理方面最新的研究成果，对海洋功能区划修编的思想方法进行创新。

1. 海岸功能划分

对海岸进行功能划分，以满足海岸保护与利用工作的需要。

2. 功能类别划分

对海岸、海域和海岛，划分恢复整治、保护、保留、限制开发、重点开发、优化开发六种功能类别。

3. 功能类型划分

对海岸、海域和海岛，划分恢复整治、保护、保留、城镇建设、交通运输、船舶工业、电力工业、钢铁工业、矿产开采、盐业、海水综合利用、渔业、旅游、海岸防护、特殊利用、其他16种功能类型，下面再细分二级类。

4. 用海方式划分

对海岸、海域和海岛，划分填海造地、非透水构筑物用海、围海、透水构筑物用海、开放式用海、其他方式用海6种用海方式。

5. 平面设计方案划分

对填海造地、非透水构筑物用海两种用海方式，划分顺岸延伸式、人工岛式、多突堤式、区块组团式4种平面设计方案。

（二）创新结构体系

建议参考较成熟规划的结构体系，对海洋功能区划的结构体系进行创新。

1. 分类体系设计

对于海岸、海域和海岛，从功能类别、功能类型、用海方式、平面设计方案类型4个方面，从不同的角度加以阐述，形成四维的、立体的分类体系。

2. 图件体系设计

包括以下4个组成部分：

（1）海洋功能区划总图。

（2）海洋保护与利用现状图。海洋自然条件与资源分布图、海岸自然分布图、社会经济发展现状图、海洋经济发展现状图、海洋环境质量与保护现状图、海岸保护与利用现状图、海洋保护与利用现状图、海岛保护与利用现状图等。

（3）海洋功能区划分析图。海岸功能分段图、恢复整治区划图、保护区划图、保留区划图、城镇建设区划图、交通运输区划图、船舶工业区划图、电力工业区划图、矿产开采区划图、盐业区划图、渔业区划图、旅游区划图、海岸防护区划图、其他区划图、海岛功能分区图等。

（4）海洋功能区划分幅图。接幅表、分幅区划图。

四、江苏省

（一）进一步完善省、市、县三级分类体系

在现有基础上，进一步完善省、市、县海洋功能区划分类体系，使三级区划分开层次，明确重点。总体上从省到县区划内容应当逐步细化，县级海洋功能区划应当更具操作性。

（二）兼顾自然属性和社会经济要求

体现海洋功能区划主要依据海洋自然属性的特征，在功能定位上应当主要考虑海洋的自然资源条件、环境状况和地理位置。功能区划的规划周期可适当延长，在功能区划的基础上编制海域使用总体规划。海域使用总体规划，应当依据海洋功能区划，充分考虑社会经济发展需求，坚持保护与开发并重的原则编制。省级海域使用总体规划由省人民政府批准执行，规划期限为5年。

（三）开展海洋功能区划的实施效果评估

进一步研究海洋功能区划实施效果评估的主要内容和技术方法，从行政管理、社会经济、海洋环境等方面设计评估指标体系，全面监测、评估省、市、县级海洋功能区划实施情况，提供全面、客观地评估报告。同时，海洋功能区划修编、修订或调整之前，也要组织专家对海洋功能区划实施效果进行评估，以确保海洋功能区划整体工作的科学性。

五、上海市

（一）对功能区划分的修编建议

（1）有些功能区本属同类却形成了分割式，如港口区与渔港区实为同一类型，但目前在大类上却分属“港口航运区”和“渔业资源利用和养护区”，不甚合理，需要调整。

（2）关于预留区的处理。预留区本是为不远的将来某一海洋功能的开发而预留的海域空间，在区划（修编）的有效时限内是不能开发的，但在实际中，往往会遇到需要提前开

发预留区的紧急情况，该如何处理，建议出台具体的规定。

（二）管理措施方面的建议

（1）管理措施需要具体化，如功能区的质量维护和检查以及监测都没有具体规定和处理措施，需要完善。

（2）目前关于具体功能区的管理要求因不够具体而缺乏可操作性，也影响海洋功能区划实施效力的发挥，建议出台可指导操作的功能区管理的细则或准则。

（3）依据《国家海洋局关于为扩大内需促进经济平稳较快发展做好服务保障工作的通知》（国海发［2008］29号）："凡列入中央投资清单的项目，选址不符合海洋功能区划的，可以提出海洋功能区划修改方案"。但对列入"中央投资清单的项目"中涉及用海的项目及具体要求还不够明确，建议进一步研究出台可指导操作的详细说明。

六、浙江省

（一）抓住重点修编全国海洋功能区划，实现国家区划宏观管理

加快开展全国海洋功能区划的修编。自2002年国务院批准实施《全国海洋功能区划》以来，已有8年之久，亟待进行调整与完善，主要基于以下三方面考虑。一是考虑到海洋自然演变的相对动态性，近海的海洋自然环境和资源是变动的，相应地引起各个海域和岸段功能的改变，需要对海洋功能区划的调整；二是考虑到社会经济发展的动态性，随着海洋资源开发利用程度的不断提高，经济社会发展的用海需求不断加大，海域使用不尽合理等问题也逐渐暴露，需要对原有海洋功能区划进行调整；三是考虑到技术手段的创新性，目前随着科学技术的不断发展，在海洋功能区划过程中，可以利用新技术、新科技，不断探索海域的自然属性和社会属性，修正功能定位，也需要对海洋功能区划进行调整。

抓住重点内容修编全国海洋功能区划。建议全国海洋功能区划修编要抓住重点与主要问题，区划的主要任务要从国家局职责与任务出发，调整全国海洋功能区划的主要任务，重点是划定对国家海洋开发利用与保护有影响的重要一级类海洋功能区；区划目标要强化对省级区划的指导作用；海洋功能区划分要实行更大区域的划分，可按地理分带和经济分区设置划大区，并确定重点海域，强化重点功能的管制思路，避免具体小空间海洋功能区的划分；实施措施重点在提出海洋功能区划实施的总体性思路。

强化国家区划的"抓大放小"。建议国家局在实施海洋功能区划中应确立宏观管理、抓大放小的思路，抓住当前和未来一段时期内海洋功能区划重点区域的主要问题和矛盾，加强对重点海域功能区划实施的宏观监测和总量控制，小空间具体海洋功能区的管理与实施应由地方海洋行政主管部门执行。

（二）理顺海洋功能区划编制体系，实现区划层级管理

省市县三级海洋功能区划要定位清楚，体现不同的层次和级别。省级海洋功能区划不仅是全国海洋功能区划在省域范围内的细化落实，也是市县区划的重要依据，应定位为综合性、指导性和限制性的区划。编制省级海洋功能区划"宜粗不宜细"，主要是为了揭示不同海域利用保护的功能属性，兼顾社会发展需求。省级海洋功能区划要加强对全省功能

区划修改的管理，规范功能区划程序，加强海洋功能区划实施效果的总结评价。

建议调整海洋功能区划层级体系，进一步研究明确市级海洋功能区划与县（市、区）级海洋功能区划的关系。编制市县级海洋功能区划应强调可操作性，旨在确定更小面积海域的最佳使用功能或主导功能。市县级海洋功能区划的分类体系应比省级海洋功能区划的分类体系更加详细和具体，可以在现行的二级分类体系的基础上增加或细化分类体系。

（三）处理好与其他涉海规划区划的关系，实现空间规划无缝对接

需要处理好与主体功能区规划关系。海洋功能区划和主体功能区规划是紧密联系、相互影响、但又存在明显差异的功能区划与规划。主体功能区规划是海洋功能区划的重要基础和依据，海洋功能区划是主体功能区规划在海洋空间上的具体落实和功能细化。为此，海洋功能区划和主体功能区规划在编制过程中，需要加强发改委和海洋局双方部门的积极沟通，实施成果的衔接论证会议制度。同时，建议海洋行政主管部门编制海洋主体功能区规划，并注意处理好与海洋功能区划的关系。

处理好与国民经济与社会发展规划的关系。海洋功能区划须与国民经济和社会发展规划相协调。根据海洋功能区划以自然属性为主，兼顾社会属性的原则，海洋功能区划，以该地区的区位、自然资源和自然环境为基础，同时该地区的社会条件和社会需求等社会属性也影响着选择什么样的功能顺序，以实现最佳效益，因而，海洋功能区划又是一种经济区划。只有将海洋功能区划与本地的国民经济和社会发展规划相协调和衔接，才能更好地确定海洋功能区划的地位，保证海洋功能区划的实施。为此，当前各地都正在或着手开展国民经济和社会发展的“十二五”规划编制工作，海洋功能区划修编进程应当与之相协调，将海洋经济的发展、海洋资源的开发与管理、海洋环境的保护等内容，作为沿海地区国民经济和社会发展“十二五”规划的重点之一。

处理好与土地利用规划的关系。海洋功能区划必须与依托陆域的开发利用规划相衔接，海洋开发利用是陆域开发利用的向海延伸，海洋功能区划必须有陆域的依托，如滨海旅游功能区、港口功能区等必须有相应的陆域土地的支撑。同时，《海域使用管理法》第十五条规定“沿海土地利用总体规划、城市规划、港口规划涉及海域使用的，应当与海洋功能区划相衔接”。为此，海洋功能区划应与土地利用规划等陆域规划相衔接协调，确保海域功能区的陆域土地保障。

（四）加强区划理论体系的研究，实现区划的科学编制

我国海洋功能区划从 1989 年启动第一次全国海洋功能区划工作开始，到 2002 年国务院批准《全国海洋功能区划》至今历经 10 余年，相继完成了从小比例尺到大比例尺的国家、省、市、县四级海洋功能区划的编制与审批工作，海洋功能区划的理论和方法体系得到不断发展与完善，但是随着海洋开发新形势的发展，需要继续加强区划理论体系的研究，以实现区划的科学编制。

1. 加强区划与海域管理制度的关系研究

由于海洋功能区划没有成熟的国外理论可以借鉴，国内理论体系研究又处在探索过程中，尚未完全形成对海域使用管理的有效决策支撑，需要进一步加强海洋功能区划理论体

系的研究。要从现行的海域管理制度着手，加强海域管理理论与海洋功能区划理论体系的深入研究。

2. 加快功能区划分方法体系研究

海洋功能区划应在客观展望未来科学技术与社会经济发展水平的基础上，充分体现对海洋开发与保护的前瞻意识，应为提高海洋开发利用的技术层次和综合效益留有余地。应尽快总结我国多年的海洋功能区划编制实施经验和相关科研成果，完善相对完整的功能区划方法体系，以进一步规范和指导沿海省市的海洋功能区划编制实施工作，保障海洋功能区划的科学性。

3. 重视发挥专家的作用

加强海洋功能区划理论和实践研究，完善海洋功能区划理论体系和标准体系，可以更多依托国家海洋功能区划专家委员会的作用。增加专家委员会的活动频次，建议在目前召开年会的基础上，根据工作需要定期或不定期召开专题研讨会。要通过多种形式，夯实海洋功能区划理论基础，完善海洋功能区划理论体系和标准体系，及时为管理部门提供政策建议。

（五）重视与加强海洋功能区划实施效果评估，实现区划的动态管理

多年来，我国海洋功能区划仍是静态的，是以分类为基础而形成的分类区划，对功能区利用程度尚未建立理论和方法体系，也谈不上监测评估基础上建立适应性管理。近年来，国家海洋局开始重视海域使用动态监测，并对功能区开展监测、评估，为海洋功能区划的有效管理提供了良好的契机，但限于目前关于海洋功能区监测、评估的理论和方法体系尚未形成。

对功能区监测、评估、有效报告及适应性管理是完善海洋功能区划的重要程序，目前最紧要的工作是借鉴国际经验，抓紧建立海洋功能区的监测评估理论与方法体系，从而为海域使用动态管理工作提供实践指导。为此，要尽快开展区划的实施效果评估，研究海洋功能区划实施效果评估的主要内容和技术方法，从行政管理、社会经济、海洋环境等方面设计评估指标体系，全面评估省市县级海洋功能区划实施情况。同时，海洋功能区划修编、修订或个别调整之前，也要进行海洋功能区划实施效果评估，以确保海洋功能区划整体工作的科学性和严谨性。

（六）改进海洋功能区划的技术手段，实现区划的信息化管理

我国海洋功能区划制度在调查过程中，积累了丰富的自然要素和社会要素的空间分布资料；在编制过程中，也积累了大量的海洋功能区划成果；在实施过程中，也积累了大量的海域登记与审批资料。各类资料与成果以不同形式形成了大量的文件，给海洋功能区划编制与实施工作带来了较大的困难。

为此，需要通过改进海洋功能区划的技术手段，采用地理信息系统（GIS）技术，建立海洋功能区划编制与管理信息系统，用于海洋功能区划编制、管理及其相关海洋信息的采集、存贮、检索、分析和集成等过程，并用于辅助决策。

通过建立海洋功能区划编制与管理信息系统，一是可以作为功能区划中的地图册，并

成为领导决策的依据，利用其统计分析功能，使各级决策者可以迅速获得所属的功能区地理信息和各种相关的属性信息，以帮助决策者进行功能区划、地理分析、信息查询等诸多决策活动，用以改善决策的科学性和有效性；二是有助于将基础地理空间数据、海域使用管理数据、高分辨率遥感数据等空间信息集成，为区划编制和实施服务；三是有助于对不同行政级别的海洋功能区划信息进行综合管理和网络发布，实现海洋功能区划信息管理的数字化、网络化，最终实现区划的动态管理。

七、福建省

（一）适时开展海洋功能区划修编

（1）开展海洋功能区划修编，是保障海洋经济，保护生态环境的手段之一。

海洋功能区划对经济发展、生态建设和渔业生产做出了重要贡献，成为推动海洋事业发展的强大动力。首先，海洋功能区划通过规范和引导涉海行业规划，统筹安排行业用海，有效解决了海洋资源利用冲突，保障了大型项目用海，促进了海洋经济快速、健康发展。其次，海洋功能区划有力地促进了海洋环境保护工作，福建省共设置了25个海洋保护区，保护区面积达23.4×10^4 hm^2以上，增强了海洋生态功能，促进了人与海洋的和谐；入海排污口、临海工业建设项目依据区划选址，有效遏制了近岸海域污染和生态环境恶化的趋势。再次，各级区划通过划定养殖区和捕捞区，基本稳定了沿海地区渔民生活、生产秩序，促进了社会主义新渔村建设，保障了我国水产品供应的平稳增长。但是，《福建省海洋功能区划》在执行过程中也出现一些问题，主要是：难以发挥其在功能区划体系中的统领性作用，对下级区划缺少约束性控制指标；对涉海行业规划的指导性不强，新兴海洋产业发展迅速，功能区设置难以满足其用海需求等。需适时通过修编解决以上问题，更好地发挥其对国民经济的保障作用。

（2）开展海洋功能区划修编，是贯彻落实科学发展观，适应新形势和国家及地方战略需求的重要手段。

我国经济目前正处在快速发展阶段，国家对海洋功能区划落实科学发展观、发挥宏观调控作用的期望不断提升，现行区划不能完全满足海洋资源开发与管理的战略需求。主要表现在：一是科学发展观、节能减排、应对气候变化等新理念的提出，要求我们更加注重海洋生态保护和可持续发展；二是国民经济和社会发展规划、国家海洋事业发展规划纲要、重新制定的振兴十大行业发展规划、两岸大“三通”新形势以及海峡西岸经济区的发展建设等国家和地方战略已开始实施，功能区划应加强与这些战略和规划的衔接，保障其用海需求；三是我国经济形势发生很大变化，海洋经济实力显著增强，沿海主要港口货物吞吐量增长，修造船完工量增长，港口、化工、造船等海洋产业用海需求迅猛增长，与功能区设置的矛盾日益尖锐；四是海洋功能区划难以满足宏观调控的要求，填海造地总量缺乏有效的控制指标，对临海产业布局的引导作用有待加强；五是需要大量新增风能、海洋能、核电等新能源用海区；六是由于上述诸多因素，国家将在2009年修编全国海洋功能区划，而且对国家、省、市、县四级海洋功能区划的工作重点和海洋功能区划的技术要求将有所调整，因此，可适时启动福建省海洋功能区划修编工作，增强其时效性，适应社会经济新形势，体现国家经济发展、海洋开发和宏观调控的战略需求。

（二）调整县级海洋功能区划编制思路

目前海洋功能区划实行全国、省、市和县四级编制，市、县级海洋功能区划的主要任务是以海洋功能区为划分单元，主要任务是根据省级海洋功能区划，科学划定本地区一级类、二级类海洋功能区。在福建省、市、县三级海洋功能区划已经完成的两轮编制工作中，县级海洋功能区划工作存在一些问题，表现出以下几种现象：

（1）县级区划在省、市级区划的基础上进行编制，功能区划编制过程存在越往下级行政干预越强烈的情况，个别地方甚至出现领导意志左右海洋功能定位的尴尬场面，若领导意志无法得到满足即县级区划无法通过县级人民政府审核同意，从而使该区划全过程历时较长，等到县级区划批准实施时，省级区划又准备进行新一轮的修编工作。

（2）部分沿海县（区）所管辖海域海岸线较短、海域面积小，并且其所辖海域绝大部分处于多个行政区管辖的海湾内，如福建省莆田市的仙游县、城厢区、荔城区、涵江区，泉州市的洛江区、丰泽区，厦门市所辖思明区、湖里区、海沧区、集美区、同安区和翔安区。经过2001年第一轮海洋功能区划编制和2005年第二轮海洋功能区划修编，其海域已大部分依据海洋功能区的定位实施开发与保护，海域功能基本明确，在新一轮海洋功能区划修编时其需要修改调整的功能可能极少，假如部分确实需要调整功能的，可以在市级海洋功能区划修编时给以调整体现。因此这类所辖海域面积较小的县（区）进行新一轮的海洋功能区划修编工作，其必要性不强。

（3）县级区划与市级区划采用相同的海洋功能区分类体系，其主要区别是区划比例尺的不同（市级区划比例尺一般采用1∶50 000，县级区划比例尺一般采用1∶25 000），两种比例尺下的功能区划在功能区的细分上差别不大。

结合海洋功能区划修编实际工作情况，各地县级海洋功能区划的编制，建议可根据海域资源与环境条件、开发利用程度、功能区划实施状况以及新的需求变化，自行选择编制县级海洋功能区划或者编制海域使用管理规划。对于选择编制海域使用规划的县，可结合地方五年社会经济发展规划进行编制。因为多数项目用海基本上属于所管辖海域内用海，除少数项目用海属于跨行政区用海，县级海域使用规划能比较好落实各级项目用海建设需求。规划的重点内容应当是符合市级海洋功能区划的项目建设规划，包括项目建设规模、用海形式、环境保护要求和措施、实施步骤、措施和政策建议。

对于选择县级海洋功能区划修编工作纳入市级修编的，在实施市级海洋功能区划修编时，其区划组织机构可以做适当调整，即由市级海洋行政主管部门会同同级政府其他相关部门，以及所辖县（区）人民政府，县（区）人民政府可以由海洋开发领导小组办公室具体组织实施，负责修编工作组织协调，收集资料、征求反馈意见、汇总上报县（区）政府关于修编的意见。最终由市海洋开发管理领导小组从全市自然资源、环境条件、开发利用现状、社会发展规划和产业布局等综合考虑，从全市宏观布局上考虑修编调整意见，避免县（区）各自从本辖区利益出发，缺少全局性而影响海洋资源开发利用与环境保护。避免在同一海湾内多处需要调整港口区、滨海城镇建设区、修造船区、石化工业园区、滨海开发区等。

（三）开展公众参与调查

我国自实施海洋功能区划制度以来，大部分省、市、县已进行第二轮的海洋功能区划修编，根据《海域使用管理法》的规定，相关的用海申请必须以符合海洋功能区划为前提，自第一轮海洋功能区划批准实施以来，多数用海部门对海洋功能区划的重要性已经有深切的认识，对海洋功能区划的重视也大大提高，涉海部门对海洋功能区划的态度也由被动变为主动。然而对于沿海地区长期以海为生的渔民群众则对海洋功能区划制度了解不多，且以往在海洋功能区划编制过程中对公众参与调查方面要求比较少，多数没有开展公众参与调查工作，或者是参与调查的公众对象范围比较窄，特别是沿海村民委员会代表和海域使用利益相关的渔民群众代表的参与，这种现象导致在海洋功能区划过程出现养殖区被其他功能区占用而使养殖面积大范围缩小的情况。

建议在海洋功能区划编制过程中，组织海洋功能区划编制的单位要根据《公众参与暂行办法》规定，多渠道开展公众参与调查，采用便于公众知悉的方式，向公众公开有关海洋功能区划编制的信息。调查形式可以采用调查公众意见、咨询专家意见、座谈会、论证会、听证会等形式，公开征求公众意见。调查内容可以根据海洋功能区划编制的特点，重点关注需要实施海洋功能区调整的海域的开发利用现状、资源与环境条件、拟调整为那一类功能区、调整后的功能实施可能产生的影响以及功能区管理要求及保护措施与对策。调查对象应包括地方政府相关部门、军事机关、开发区、科研院校、沿海乡镇人民政府、村民委员会、海域使用者等，人员组成应当包括管理人员、技术人员、科研人员、代表村民利益的村民委员会成员和海域使用利益相关者等。调查时间可以分别在海洋功能区划编制工作开始时和完成征求意见稿时开展。公众反馈意见处理应有针对性，未采纳的意见要提出充分的依据，并给以答复说明。

（四）利用控制指标解决各级海洋功能区划空间衔接问题

制定各类功能区划时没有具体控制指标，在具体制定实施过程中，可能出现上级区划的大区在下级区划中被分割为各类小区，而这些小区与上级大区存在空间占用或功能冲突，各级区划依次分割，最终可能导致最低层级区划中各类非主导功能累计的规模远远超过最高层级区划中划定的主导功能的规模，未能执行下级区划依据上级区划制定的原则。例如在某一海域，省级区划中划定该区域的主要功能，从宏观上引导控制该区域今后发展的功能，但由于区域范围比较大，其中未免包含其他小区域和其他功能。因此在市一级区划中，该区域根据地方政府需求与自然条件被细划为不同功能的区，这样就难免存在部分与省级区划定位的主导功能不完全兼容但又非完全排它关系的功能区。同样，县级区划按市级区划又根据地方政府需求与自然条件进一步细化，属于最低一级区划，全海域功能基本覆盖，功能区规模、范围比较小，二级类功能明确，也难免存在部分与省级区划和市级区划定位的主导功能不完全兼容但又非完全排它关系的功能区。经过市县两级区划的细化，由于没有区划控制指标，不完全兼容但又不完全排它的功能区累积面积比较大，尤其是涉及围填海性质的功能区，这些功能区的实施将可能对海域环境产生显著累积性影响，但由于没有控制指标制约涉及围填海的功能区选划，再加上区划过程中没有涉及专题论证或专题深度不够，往往是满足沿海地方政府需求，最终将海域主导功能慢慢蚕食，导致资源损失、环境恶化，反过来制约社会经济发展。

通过第一轮海洋功能区划的制定、实施，第二轮海洋功能区划的修编并实施，对大多数海域的开发利用状况，功能定位，以及开发与保护的引导作用已基本达到较高程度，但是如果没有制定一定的控制指标，在新一轮海洋功能的修编时，必将面临新的调整，届时可能再次出现下级区划切割上级区划划定的功能区而改变其主导功能的现象。

为此，在制定海洋功能区划时应有各海洋功能区控制指标，尤其是对围填海规模、位置、形态，对保护区、养殖区的最低控制指标，即最低保有指标，保障人民生产生活、环境条件的要求。关于控制指标方面可参照土地功能区划中各类土地保有量控制指标，环境功能区划中要求建设的保护区数量与面积，以及一定比例范围达到几类环境质量指标加以控制。

制定地方海洋功能区划控制指标，应研究海域资源与环境承载力，收集现有开发状况，包括类型、规模、污染源、对海域环境影响程度，环境现状、社会经济发展趋势、环境容量、发展需求与产业布局，以及由此可能产生的污染源强及对海洋环境的影响，深入研究海域资源与环境容量承载力，根据现有的技术手段和对海洋资源与环境状况的认识程度，制定合理的最低保有指标，确保人类生存与海洋环境条件，做到开发与保护都有明确指标。并根据所确定的各类功能区控制指标，充分考虑社会经济发展趋势，明确各时间段各类功能区指标控制落实要求，并逐级落实海域空间位置、范围、面积、数量。

八、广东省

（一）建立全国统一的海洋功能区划管理信息系统

目前各级海洋功能区划信息管理系统由编制单位单独完成，但由于编制经费有限且编制单位普遍没有能力独立开发一套较为完善的系统，造成目前信息系统仅限于文字和图件的电子化，无法用于日常的区划管理工作。为此，建议国家统一组织开发通用的区划管理信息系统，方便管理和应用。

（二）建议全国海洋功能区划分以区域整体功能为主

下级区划的编制以上一级区划为根据，省、市、县三级区划将对上一级区划进行细化，建议全国海洋功能区划以确定区域整体功能为主，分区不宜过细。同时明确重大项目经论证对主导功能没有重大影响（或经补偿后可以消除影响）的，应认为符合区划。

（三）明确省、市、县三级区划的编制界限

区划在编制和执行过程中，如何较好对省、市、县三级区划的功能区进行细化，建议修编全国海洋功能区划时予以明确。

九、广西壮族自治区

在进行全国海洋功能区划修编时，应对广西毗邻海域的功能定位，增加大型临海工业

的功能。

十、海南省

（一）建议增设曾母盆地油气区、礼乐盆地油气区

上一轮海洋功能区划对南沙群岛海域矿产资源利用区中只区划了南薇盆地油气区、北康盆地油气区、万安盆地油气区的修编建议，据南沙国家专项调查资料计算，我国1987—2002年南沙调查探明，传统国界线内南沙海域主要盆地油气资源总量为236×10^8 t，其中：礼乐盆地油气资源量7.45×10^8 t、中建南盆地油气资源量35.95×10^8 t、万安盆地49.9×10^8 t、曾母盆地90×10^8 t、北康盆地33×10^8 t、南薇西盆地19.7×10^8 t。修编中建议增设曾母盆地油气区、礼乐盆地油气区。

（二）建议增设西沙海槽油气勘探开发区

上一轮海洋功能区划对南海重要资源开发利用区矿产资源利用区中只区划了中沙西南盆地油气勘探开发区、中建南油气勘探开发区的修编建议，据新近几年的勘测结果初步表明，在西沙海槽已初步圈出可燃冰分布面积为5 242 km^2，估算西沙海槽区天然气水合物远景资源量约45.5×10^8 t油当量。修编中建议增设西沙海槽油气勘探开发区。

（三）明确海南西南部毗邻海域矿产资源利用区中的亚东油气区

海南岛西南部毗邻海域勘探开发有“东方1-1”气田和“乐东15-1”气田，《全国海洋功能区划》中的“亚东油气区”是否是东方气田和乐东气田的总称？另外，海南岛邻近海域的油气区存在“北部湾盆地油气区”、“莺歌海盆地油气区”、“琼东南盆地油气区”和“珠江口盆地油气区”，建议不应以气田来命名油气区。

（四）对海南毗邻海域功能区的修编建议

近年，随着海南省海洋经济发展加速，海洋自然条件和社会经济条件有较大的变化，对用海需求也较大，《全国海洋功能区划》原来区划的功能区已难以适应新形势的要求，建议按即将送审报批的《海南省海洋功能区划（2009年修编）》进行修编。

参考文献

1. 国家海洋局海洋发展战略研究所课题组.2010年中国海洋发展报告，北京：海洋出版社，2010年.
2. 国家海洋局.2003年中国海洋经济统计公报，2004年.
3. 国家海洋局.2001年中国海洋环境质量公报，2002年.
4. 国家海洋局.2002年中国海域使用管理公报，2003年.
5. 国家海洋局.2002年中国海洋行政执法公报，2003年.
6. 国家海洋局.2002年中国海洋灾害公报，2003年.
7. 国家海洋局.2010年中国海岛管理公报，2011年.
8. 国家海洋局.2002年中国海洋统计年鉴，北京：海洋出版社，2002年.
9. 中国海洋年鉴编纂委员会.2002年中国海洋年鉴，北京：海洋出版社，2002年.
10. 张宏声.全国海洋功能区划概要，北京：海洋出版社，2003年.
11. 国家海洋局海洋发展战略研究所课题组.2002年中国海洋发展报告，北京：海洋出版社，2002年.
12. 辽宁省海洋与渔业厅，国家海洋环境监测中心.辽宁省海洋功能区划实施情况专题调研报告，2009年.
13. 河北省海洋局.河北省海洋功能区划实施情况专题调研报告，2009年.
14. 天津市海洋局.天津市海洋功能区划实施情况专题调研报告，2009年.
15. 山东省海洋功能区划编制组.山东省海洋功能区划实施情况专题调研报告，2009年.
16. 江苏省海洋与渔业局.江苏省海洋功能区划实施情况调研报告，2009年.
17. 上海市海洋局.上海市海洋功能区划实施情况专题调研报告，2009年.
18. 浙江省发展规划研究院.全国海洋功能区划实施情况专题调研报告（浙江部分），2009年.
19. 福建省海洋功能区划实施情况专题调研组.福建省海洋功能区划实施情况专题调研报告，2009年.
20. 广东省海洋与渔业局.广东省海洋功能区划实施情况专题调研报告，2009年.
21. 广西壮族自治区海洋局.广西壮族自治区海洋功能区划实施情况调研报告，2009年.
22. 海南省海洋与渔业厅.海南省海洋开发规划设计研究院.海南省海洋功能区划实施情况专题调研报告，2009年.